生物多様性とは何か

田徹治
Tetsuji Ida

岩波新書
1257

はじめに

外はまだ暗い午前五時ごろ。大きく太ったクロマグロがところ狭しと並んだフロアに、競り人が振る鐘の音が鳴り響く。競りの開始前から、マグロの大きさや脂の乗り具合をチェックしていた仲卸業者(仲買人)らが指を使って値段を示す独特の方法でマグロに値を付け、次々と競り落としていく。少し離れた場所には、クロマグロより少し小さく、冷凍されて真っ白になったメバチマグロがびっしりと並んだ別の競り場がある。市場で競り落とされた水産物は、場内にある仲卸業者の店頭に運ばれ、各地からやってきた小売業者や料理店に次々と売られていく。

築地市場の魚市場は世界最大級だ。一日に取引される水産物の量は二千トンあまり、取引額は一七億九千万円に上る。日本人の食を支える築地の魚市場は、地球上の生物多様性を理解するための格好の入り口だ。

巨大なクロマグロやミナミマグロが並ぶマグロの競り場は最も有名だが、市場にはほかにもアジやハマチから小さなシラウオまで大小さまざまな魚が並んでいる。魚以外にも貝やエビ、シャコなどの甲殻類、イカやタコ、アサリなどの軟体動物、ナマコやホヤ、クラゲなど、この

世界の海の生物多様性への「窓」，築地市場

市場で取引される水産物の種類は約四八〇種といわれている。といっても人間の食卓に上る水産物は、多様な海の生物のごく一部である。四八〇種の生物はほんの一部で、海の中には植物プランクトンなど目に見えない生物が存在し、巨大な食物連鎖を支えている。

アサリやハマグリをよく見てみると、同一の種であっても、どれ一つとして同じ模様のものがない。これは、どれ一つとして同じ遺伝子の個体はないことの現れである。自然界で個体数が減少したり生息地が縮小したりすると近親交配が起こりやすくなり、遺伝的な多様性が失われる。すると、病気や環境の変化に適応する能力が低くなり、絶滅する危険性が高くなるといわれている。種の多さだけでなく、目に見えない遺伝的な多様性を守ることも、健全な生態系を守る上で重要なことなのである。

日本には、世界中から水産物がやってくる。イカはイエメンやオマーン、タコはモーリシャス、クロマグロはマルタやクロアチア、スペインなど、エビはインドネシアやベトナム産が多いが、アルゼンチンやアイスランドなどからも運ばれてくる。
これらの生物なしには、日本人の食生活は一日たりとも成り立たない。築地の市場は、われわれ日本人が、世界の海の生物多様性にいかに多くを頼っているかを実感させてくれる。

市場の近くの店で食事をすればよかったのだが、時間がないので近くのコンビニエンスストアに行って幕の内弁当を買った。サケの切り身とエビフライ、サバのみそ煮、小魚のつくだ煮など、ここにもたくさんの海の生物が使われている。ほかにもニンジンやゴボウ、マメや卵、ゴマ、それにコメに梅干しなど、たった一箱の弁当の中に、多種多様な生物由来の食品があふれている。また味噌や酒、納豆、ヨーグルトなどコンビニの棚に並ぶ食品の多くは、微生物がいなければ作り出せない。

弁当と一緒にガムと飲み物を買った。ガムは虫歯予防に効果があるキシリトールを使ったガムで、飲み物は甘味料としてステビアを使ったものだった。キシリトールはシラカバなどの樹木から得られる物質を原料に開発された甘味料で、果物にも含まれる天然素材である。ステビアは、南米原産のキク科の多年草に含まれる物質で、南米の先住民が古くから甘味料として使ってきた。甘味度は砂糖の二〇〇〜三〇〇倍もあり、低カロリー甘味料として注目されるようになり、日本でも広く使われている。

漢方薬としても使われる甘草《かんぞう》（リコリス）という植物の根には、グリチルリチンという物質が含まれている。これも、天然の甘味料として古くから知られてきた。グリチルリチンの甘さは砂糖の三〇〜五〇倍といわれるので、甘草の名は、読んで字のごとしである。甘草には古くから内臓疾患に対する効能があることが知られ、グリチルリチンを主成分にした薬や、関連の人工物質を利用した薬が開発されてきた。最近では、エイズやC型肝炎などのウイルスの増殖を抑える抗ウイルス作用があることがわかり、再び注目されるようになった。

キシリトールやステビアのほかにも、さまざまな化学物質や医薬品、栄養補助食品には、生物由来の物質を使ったものや、それを手がかりにして開発されたものが非常に多い。

ステビアに関しては、二〇〇七年にアメリカのコカ・コーラ社とカーギル社が二四もの関連の特許を申請したことで注目された。このように古くから先住民が使ってきた知識が大きな商業的な利益に結びつき、利益の配分の仕方や知的所有権保護の問題が世界の課題になっている。

今、生物多様性が注目されているのは、それが急速に失われているからである。

「寿限無」という落語に「海砂利水魚」という言葉が出てくる。海辺の砂利と水の中の魚は、いくら捕ってもなくならない、限りのないものの例とされてきた。落語の中の両親は、生まれたばかりの子供に付けるおめでたい名前の一部として、海砂利水魚を選ぶのである。

だが、海の魚はいくら捕ってもなくならないというのは、誤りであることがわかってきた。築地の市場に並ぶクロマグロは、個体数の減少が著しく、絶滅の恐れのある野生生物の国際取引を規制するワシントン条約の締約国会議で、商取引の禁止が議論されるまでになってきた。ミナミマグロは、国際自然保護連合（IUCN）の絶滅危惧種のリストで「絶滅の恐れがきわめて高い」とされているし、メバチマグロも絶滅危惧種の一つとされている。フカヒレ目当ての乱獲でサメも絶滅が懸念されているし、ナマコやタツノオトシゴなども個体数の減少が著しい。絶滅の懸念とまではいかなくても、ベーリング海のスケトウダラや北部大西洋のタラ、南の海の深海魚、メロ（銀ムツ）などの漁業は乱獲によって立ちゆかなくなることが心配されている。日本近海でも、かつては大衆魚といわれたサバの資源レベルの低下が著しい。築地で魚の取引に携わる人からは、昔に比べて魚の量も数も少なくなり、魚のサイズもどんどん小さくなっているという話を聞かされた。

築地の競り場に並んだ最高級マグロ

もちろんこれは海の生物だけに限った話ではない。地上でも、絶滅が危惧される動植物の数は増える一方であり、熱帯林などの生態系破壊にも歯止めがかかっていない。人間は、自らの重要な存立基盤である地球上の生物多様性を、食いつぶしながら生きているのだ。

絶滅の淵から回復しつつある鳥島のアホウドリ
（アメリカ海洋大気局提供）

環境問題を専門とする記者として、筆者は世界各地の「生物多様性のホットスポット」を取材してきた。日本を含む多くの貴重な生態系が、人間の活動が原因で破壊され、危機的な状況に追い込まれている。本書では、できるだけ多くの現場を紹介し、なぜ生物多様性が破壊されるのか、なぜその保全が重要なのかを考えたい。

現状は深刻だが、この流れに歯止めをかけ、生物多様性の持続可能な利用を目指す試みも各地で始まっている。生物多様性条約もその役割を期待されているし、生物多様性に価値をおく消費者が増え、ビジネスに影響を与え始めた。これらを通じて、人間と自然との理想的なつながりの姿を展望してみたい。結論を先取りしていえば、その試みとは人間も地球上の生態系の一部であることを再認識し、自然との付き合い方を見直していく試みにほかならない。（本書で提供者が明記されていない写真は、水木光撮影。）

目次

第1章　生物が支える人の暮らし

受粉にも貢献するハチドリ

人間は、何億年もの時間をかけて地球上に形作られてきた生物のネットワークの中に暮らしている。ところが今、人間の活動によって、この唯一無二の命のネットワークに、さまざまなほころびが見え始めた。

1　破れてわかる命のネットワーク

消えたハゲワシ

世界自然遺産にも登録されているインドのケオラデオ国立公園で二〇〇〇年、この地域に広く生息するベンガルハゲワシというハゲワシの一種に、異変が起こっていることが報告された。一〇年ほど前までは公園内のどこにでもいた、繁殖能力のあるペアがいなくなっていたのだ。ハゲワシの個体数の減少は生息地全域に及んでおり、中にはほとんどハゲワシの生息が確認できなくなった地域も多かった。同公園内では、二〇〇三年にハゲワシの絶滅が確認された。

その後の調査で、ハゲワシの個体数の急減はインド全域からパキスタンやネパールでも確認され、ハシボソハゲワシやインドハゲワシにも及んでいることがわかった。三種の鳥の数はいずれも一〇年ほどの間に九五％以上も減り、絶滅寸前の状態で、「これほどの急速な減少は過去にない」と言われるほどだった(写真)。

調査の結果、ジクロフェナクという動物用の医薬品が原因であることがわかった。ジクロフェナクを体内に含んでいるウシなど家畜の死体をハゲワシが食べると、ごくわずかな量でも内臓障害を引き起こし、死んでしまうのだった。

死んだハゲワシ(バードライフ・アジア提供)

死肉を食べることからイメージはよくないが、ハゲワシの仲間は動物の死体などを片付ける「廃棄物処理業」の役割を担っている。そのハゲワシがいなくなった結果、インドとその周辺では、農地などに多数の生物の死体が処理されずに残され、これらを餌にする野犬やネズミが急激に増えてしまった。

一九九七年にインドでは狂犬病が大発生し、一年間の死者は三万人に達した。アメリカ、スタンフォード大学の研究チームは、狂犬病の大発生とハゲワシの数の減少の関連を指摘している。

いなくなるまで多くの人が気付かずにいたが、ハゲワシは動物の死体を処理し、清潔な環境を保つという重要な役割を果たしていた。命のネットワークのほころびが人間の健康な生活にとって大きな脅威となることを示す例である。

鳥の役割

鳥が生態系の中で持っている役割は、廃棄物の処理に限らない。

日本にもいるシジュウカラという小鳥が食べる虫の数をドイツの研究者が試算したところ、何と一年間に一二万五千匹になるという。すべてが農作物に害を及ぼす虫とは限らないが、シジュウカラは植物を食べる虫の数を一定のレベルに保ち、虫害をコントロールする役割を果たしている。もし彼らがいなくなったら、農作物の虫害を防ぐのに農薬を散布しなければならないだろう。その副作用で、環境に悪影響が出たり、巨額の資金を投じて、汚染の浄化をすることになったりして、社会的に大きなコストが生じる可能性がある。

カラスやスズメなど都会の鳥に詳しい唐沢孝一さんは、著書の中で、中国で一九五五年ごろに行われた、農業生産性向上のための「四害追放運動」のエピソードを紹介している。実った穀物を食べるとして、スズメが、ネズミやハエ、カとともに駆除、撲滅の対象とされた。音を立ててスズメの休息や眠りを妨害するといった大規模な人海戦術で、一年間で一一億羽以上ものスズメが捕獲されたという。数日間に北京市だけで八〇万羽のスズメが捕らえられ、殺されたという記録も残っている。だがその結果起こったことは、農作物の虫害の増加であった。スズメの駆除は農産物の増収につながるどころか、全国的な大減収の原因となった。

スズメやカラス、シジュウカラなどどこにでもいる珍しくもない鳥も、生態系の中で一定の役割を果たし、人間に大きな利益を無料で提供してくれているのである。

立教大学の研究者は、現在のスズメの個体数は一九九〇年ごろの二〇〜五〇％程度に減ったと推定している。スズメやカエル、昆虫など少し前ならどこにでもいた生物の数が各地で減っていることは、日本の生物多様性保全上の大問題である。

鳥の種まき

鳥類が人間に提供している利益には、表1-1のようにさまざまなものが挙げられる。これは、生態系と人間との関わりの研究で知られるアメリカ、スタンフォード大学のポール・エーリッヒ博士らのグループが、二〇〇四年に発表した論文の表だ。このような利益を、「生態系サービス」と呼んでいる。

一番上に出てくる「種子散布」は、生態系の中で鳥類が果たす役割の中で非常に重要なものだ。種子散布とは、鳥などの動物によって植物の種子が運ばれ、周辺にばらまかれることをいう。自ら動くことができない植物は、さまざまな手段で、より生息に適した場所を探し、分布

表1-1　鳥の「生態系サービス」とその損失の影響（エーリッヒらによる）

生態系サービス	失われたときの影響
種子散布	依存する種の絶滅や減少
授粉	近親交配，着果率の減少
腐肉の消費	病気の流行，望ましくない種の増加
捕食	虫害増加，作物の減収，病気の蔓延

域を広げ、生息域の集中による病虫害の発生を防いでいる。

中には種子の形を工夫して風を利用して種子を散布する植物もあるが、移動能力の高い動物の力を借り、食べられたり、体の表面にくっついたりして種子を散布するものが多い。中でも歯を持たずに果実を飲み込むことが多い鳥類は、植物の種子散布に大きく貢献している。鳥は果実の部分を消化しても、硬い種子は消化できずに糞として排泄することがほとんどなので、鳥が果実を食べることが、植物の分布域の拡大につながる。秋の山を歩いていると真っ先に目に留まるナナカマドやガマズミなどの果実が真っ赤な色をしているのは、鳥の目を引くための戦略だ。

鳥に食べられて種子の表面に傷が付いたり、体内で種子を覆う果実分が消化されたりした方が、発芽率が高くなる植物も知られている。さらには、熱帯雨林にすむある種の鳥が、荒廃した森林の再生に貢献する可能性があることも指摘されている。

立教大学の上田恵介教授は、鳥の種子散布に関する本の中で、鳥と果実の間には「鳥は果実から栄養を得る代わりに種子を遠くに運んでやる。果実は鳥に見つかりやすいように、鳥は果実をよりうまく見つけ、消化できるように、お互いの形質を進化させる」という関係があり、両者が長い地球の歴史の中で、共に進化を遂げてきたと紹介している。「授粉」も、植物が繁殖する上で欠かせない働きである。ハチやチョウのように植物の受粉の手助けをする鳥として、ハチドリがいる(本章扉写真)。シジュウカラと並んで都会でもポピュラーな鳥の一つであるメジロも、花から花へ飛び回って蜜を吸うのと同時に、植物の受粉の手助けをしている。

エーリッヒらは、環境破壊によって多くの鳥の個体数が減っていることを警告し、人間にとって重要なこれらのサービスが失われる前に、鳥の保全に投資をする価値があると指摘している。

ミツバチの消失

地球上の生物が人間に与えてくれる恩恵の大きさと、それが失われた時の影響の大きさを教えてくれたもう一つの例は、アメリカで起きたミツバチの消失である。

「リンゴにプラムに梨、アーモンド。あなたが食べるその果実はみな、ミツバチの授粉で生まれたものだ。花から花へ飛び回るそのミツバチによって」――。

二〇〇六年秋ごろからアメリカ国内で顕在化したミツバチの「大量死」を追ったルポルタージュ『ハチはなぜ大量死したのか』は、こんな書き出しで始まる。

果樹園やハウスの中で果実や野菜を育てるには、授粉作業が必要である。アメリカをはじめとする多くの国では、授粉をミツバチの助けを借りて行っている。日本では人間が手作業で行うこともあるのだが、広大な果樹園や多数のハウスでは手作業では間に合わない。そこで利用されるようになったのが、セイヨウミツバチだった。養蜂家は、春先などの授粉の季節になると巣箱に入れた何万匹というミツバチを持って農園から農園に移動し、ミツバチの貸し出し料金を取って農家の授粉を助けながら、蜂蜜を生産していた。

アーモンドやモモ、大豆、サクランボなどアメリカ国内で栽培されている農作物種のほぼ三分の一が、ミツバチなど昆虫の授粉活動に生産を依存しているとされる。中でも、日本にも多く輸入されているカリフォルニア州のアーモンドは、ほとんどをミツバチの授粉に頼っている。ある試算によると、ミツバチに授粉を依存している農作物の総生産額は一六〇億ドルに上り、ミツバチ以外の授粉生物がアメリカの農業にもたらす利益は総額で四一〇億〜六七〇億ドルにもなる。わかっているだけで二五万種に上る植物のうち、四分の三は受粉を動物に頼っているという。

アメリカの農業にとって欠かせないこのミツバチが、突然、大量に姿を消すという事態が発生した。蜂群崩壊症候群(CCD)と呼ばれるこの事態は、過去にもときどき起こっていたが、この時は過去に比べて大規模で、姿を消したミツバチの数は数百億匹とも言われている。当然、授粉をミツバチに頼っていたアメリカの農家、特にカリフォルニアのアーモンド農家などは大被害を受け、大きな社会問題となった。

ハチが作るバニラの香り

アイスクリームやケーキなどにかぐわしい香りを付けるバニラも、ある種のハチに受粉を依存する植物だ。バニラは中南米原産のランの一種で、細長い筒のような莢《さや》の中にバニラビーンズという実を付ける。小さな実がたくさん入った莢ごと発酵させることによって、独特の香りが生まれる（写真）。

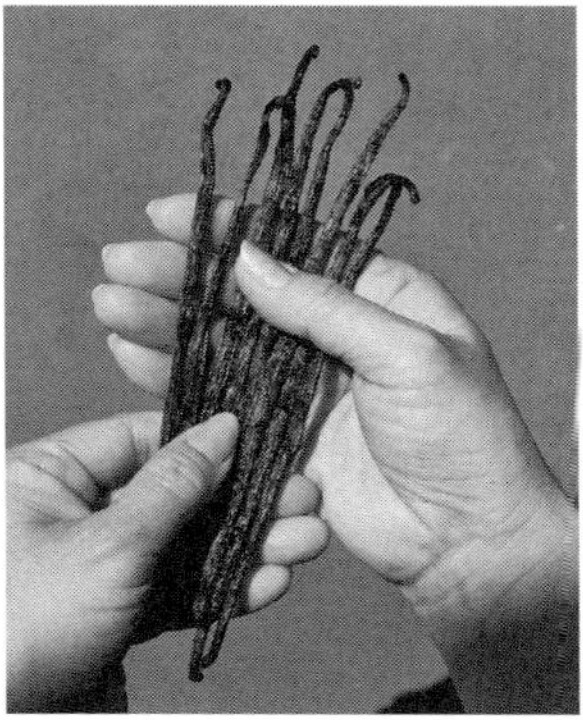

バニラビーンズ

中南米の先住民は、古くからバニラを香料や伝統的な医薬品として使ってきた。一九世紀にヨーロッパ人がその株を故国に持ち帰り、移植した。バニラの株は大きく育ち、花も咲いたのだが、どうしても実がならない。長い間その理由はわからなかったのだが、やがてハリナシミツバチ（メリポナビー）というハチがいなければ受粉が起こらないということがわかった。

バニラの花のおしべの先端には、花粉を守るための仕切りがあるので、ハチの手助けなしに受粉をすることはできない。蜜を求めて花の中に潜り込んだハリナシミツバチは、花から出るときにこの仕切りを押しのけるのでバニラの受粉が起こるのである。

ヨーロッパには、このハチがいない。しかも、バニラの花は一年に一日しか開花しない。開花した日の午後までに受粉ができなかった花は、ただ枯れて落ちるだけである。バニラは現在、アフリカのマダガスカルでも栽培され、この国の特産となっているが、ハチがいないためすべてを人間の手作業で行っている。ハリナシミツバチが生息しているバニラの原産地でも、近年、森林が伐採され、ハリナシミツバチが減少したり絶滅したりしている。その結果、人間が手作業で授粉を行わなければならなくなった地域が増えているという。

小さな花を傷つけないようにめしべの先端に花粉を付ける作業は熟練を要し、主に手の小さな女性の仕事である。バニラ生産と児童労働の問題が指摘されることもある。生物の絶滅が、人間社会にも影響を与える例の一つである。

ダーウィンのラン

マダガスカルに自生するアングレクム・セスキペダレというランの一種は、花の下部に三〇センチほどにもなる長い「距《きょ》」と呼ばれる筒状の管を持つ。この花を目にしたダーウィンは一八六二年に、この花の花粉を運ぶ、管の先にたまる蜜を吸うことができる口の長い未知の昆虫がいるに違いないと予言した。実際、その四〇年後に、長い口吻《こうふん》を持つスズメガが発見された。このランは今では「ダーウィンのラン」として知られている(写真)。

もし、ハリナシミツバチが絶滅したら、バニラも絶滅していたかもしれないし、スズメガが絶滅したら、ダーウィンのランも姿を消しただろう。受粉が起こらなければその植物は繁殖できないので、授粉生物の減少はその生物に依存する植物種の存続にも大きな影響を与える。ある授粉生物が絶滅すると、その生物に受粉を依存している植物が絶滅し、やがてまたその植物を餌にしている動物が絶滅する、といった具合に、絶滅の「ドミノ倒し」が起こることが指摘されている。

ダーウィンのラン

自然の授粉

人間が飼育している授粉生物はハチの仲間がほとんどだが、自然界にはその他にも、チョウやガ、ハエなどの昆虫、コウモリ、鳥など多様な授粉生物がおり、その数は一〇万種を超えるという。セイヨウミツバチのように人間が飼育して授粉をさせているわけではないが、これらの生物は農作物の生産に大きく貢献しているのである。

アメリカ、プリンストン大学の研究グループが二〇〇二年に発表した調査結果によると、カリフォルニア州のあるスイカ畑では、人為的に育てられたミツバチの手を借りなくても、自然界にすむハチの授粉活動だけで、十分、商品価値のあるスイカを生産することができていた。この農場は、野生のハチの生息地の近くにあって有機農法を行っている。ここでは花を訪れるハチの種類も多く、ある種のハチの数が減った時の影響も小さかった。

これに対して、森から遠く、スイカの栽培密度の高い農場では、花を訪れる自然のハチの数も種類も少なく、商品価値のあるスイカを生産するには不十分であった。このような場所では、人工的に飼育されたハチによる授粉に頼らなければならない。

研究グループによると、農場での殺虫剤の使用を減らし、周辺にハチが巣を作れるような環境を整備して、天然のハチによる授粉という「自然の恵み」を増大させれば、多少の収穫量の減少はあっても、経済的にはプラスになる。また、天然のハチと違って病気などの影響を受けやすい飼育されたミツバチに頼るというリスクも小さくすることが可能だという。

アメリカ、スミソニアン熱帯研究所のグループは同じ年の六月、花粉を媒介するハチがいるコーヒー畑では豆の収量が最大五〇％多くなるという調査結果を、イギリスの科学誌『ネイチャー』に発表している。研究グループのデービッド・ルービック博士らは、一九八五年ごろ、アフリカ産のミツバチがパナマなどの中南米の一部に定着したことに注目し、ハチの定着前のコーヒー収量のデータや、ハチのいる場所といない場所でのデータを比較した。

コーヒーは自家受粉をするので、授粉昆虫の存在は生産量とは無関係と考えられてきたが、ハチが花粉を媒介する畑では遺伝的な多様性が高まり、病虫害に強くなるなどの理由で収量が上がるらしい。

ルービック博士は「天然林を伐採せずに木陰にコーヒー畑を作るシェードグロウン農法や有機農法など、生態系に配慮し、虫の生息地も破壊しないコーヒー栽培方法の優位性が確かめられた」という。近年、各国で単位面積当たりのコーヒーの収量が落ちているのは、大規模な畑の開発で重要な昆虫が生息できなくなったことも一因とみられる。博士は「自然環境に配慮した栽培方法を取れば良質のコーヒーを効率よく栽培できる」と指摘している。

ミツバチが突然いなくなって人間が大きな影響を受けたのは、ほぼ一種類のミツバチにだけ授粉の多くを頼ってきたことが一因だった。もし、多様な自然のハチを授粉に利用する術を人間が身に付けていれば、一つの種類のハチが何らかの理由で減っても、今回のように大きな影響は受けなかったはずである。

巨大な利益

人間が栽培している農作物約一五〇〇種のうち、約三割から七割が動物の授粉に頼っているとされ、ミツバチだけでなく、これらの自然の授粉媒介生物がいなくなったら、そのダメージは計り知れない。アメリカに端を発したセイヨウミツバチの消失は、授粉という「自然の恵み」と、それを支える地球上の生物多様性が、人類にとっていかに大切かを教えてくれたのである。

だが多くの授粉生物が、農薬などの化学物質汚染、外来種の導入などのために、世界各地で減少している。

欧州連合(EU)が中心になって進めている大規模な調査研究プロジェクト(アラームプロジェクト)のチームが二〇〇六年、オランダとイギリスでハチの数を調査した。調査の単位は一〇キロ四方の区画で、オランダでは六七%、イギリスでは五二%の区画で、一九八〇年代に比べてハチの個体数や種類数が減少傾向にあった。ハチの数や種類が増えた場所は、それぞれ四%と一〇%しかなかった。興味深いことに、ハチの数が減った場所では、ハチが授粉に関連している植物の数も減っていた。この研究からは植物の減少が先か、ハチの減少が先かはわからないのだが、ハチが授粉を担う植物とハチとが自然界で密接な関連があることを示す結果だといえる。

ハチなどの昆虫が授粉による農作物の生産を通じて人類にもたらす利益は年間一五三〇億ユーロ(日本円で約一九兆円)と推定され、この額は、世界の農業生産額の九・五%に上るという。

2　生態系サービスという見方

ミツバチの授粉や、ハゲワシの廃棄物処理のように、生物や生態系が人間にもたらしてくれる「自然の恵み」のことを、科学者は「生態系サービス」と名付けた。「サービス」とは無形の財を示す経済学の言葉で、生物多様性問題を考える際の重要なキーワードの一つになっている。生物多様性が人間にとって大切なのは、生物が人間に提供してくれる多様な自然の恵み、つまり生態系サービスがあるからにほかならない。

森羅万象に関わるともいえる生態系サービスは、「供給サービス」「調節サービス」「基盤サービス」「文化的サービス」の四種類に分けて整理することができる。

「供給サービス」とは、森林からの木材や海からの海産物、食料や水、燃料などを人間に供給してくれる生態系の働きのことで、多くの生態系サービスの中では最も目に見えやすく、わかりやすい。

「調節サービス」は、水などの物質やエネルギーの流れをコントロールする生物や生態系の働きのことで、ハゲワシによる廃棄物処理などがこれに含まれる。

「基盤サービス」は、いろいろな生態系を形成し、維持する上での基盤となる最も重要なサービスだ。わかりやすいものは、植物が行う光合成である。

「文化的サービス」とは、伝統や文化的な活動、精神的な活動などに関連する生態系の恩恵のことで、供給サービスとは対極にある、非物質的なサービスである。

以下、それぞれについて簡単に紹介しよう。

資源としての生態系――供給サービス

人類が誕生して以来、人間は木材を燃料や家屋などの建材として使い、木の実や魚などを食べてきた。これが代表的な供給サービスである。そのほか、薬草や樹液などから作る伝統的な医薬品も供給サービスに含まれる。二一世紀の初め、人類は年間一億三千万トンの水産物を海や川から手に入れた。その金額が一千億ドルに上るということからしても、この直接的な生態系サービスの規模がいかに大きいかがわかるだろう。

また、人類が広く利用している医薬品や食品添加物、栄養補助食品などの中には、天然の植物や菌類などが作る物質を基に開発されたものが数多くある。このような物質や農作物、および品種改良などの際に使われる動植物を、「遺伝資源」「生物資源」などと呼ぶこともある。

環境を調節する機能

調節サービスは、供給サービスのように直接的に目に見えるものではない。そのためあまり理解は進んでいないのだが、近年、その重要さや、経済的な価値の大きさが多くの人々の注目を集めている。

マングローブ

東南アジアの河口などに発達するマングローブとは、個別の植物種のことを指すのではなく、汽水域に自生するヒルギなどの植物の群落のことをいう(写真)。マングローブは、サンゴ礁と並んで、高潮や津波、暴風雨などから沿岸の土地を守り、その被害を軽減する働きを持っている。天然の防波堤となり、かつ多くの魚介類の産卵や生息の場となる両者の働きは、調節サービスの代表的なものである。

保水力の大きさから「天然のダム」とも呼ばれ、大雨が降ったときに水の流出量を調節して洪水を防ぐ働きは、森林生態系の重要な調節サービスである。一九九八年に中国南部を襲った大洪水は、長江(揚子江)流域での森林伐採によって土地の保水力が低下し、大量の雨水が一挙に河川に流れ込んだことが一因だとされている。

二〇一〇年一月に大地震によって大きな被害を受けたハイチは、世界でも最も貧しい国の一つだ。カリブ海の島国であるこの国は、毎年のようにハリケーンによって大きな被害を受けている。何年間もかかってようやく築き上げた社会資本が、ハリケーンによってだめにされるという事態が繰り返されてきたため、十分な耐震性能を持つインフラが整備されていなかったことが、地震の被害を大きくした。貧しいこの国では、かつては国土のほぼ全域を覆っていた森林のほとんどが伐採され、今では荒れ地のようになっている。これが、周辺国に比べてハリケーンの被害を大きくしている。

アメリカ、カリフォルニア大学の生物地理学者、ジャレド・ダイアモンド博士が、環境破壊と文明の衰退との関連を豊富な資料と現地取材でまとめた大著『文明崩壊』では、ハイチと、同じイスパニョーラ島の東側三分の二を占める隣国、ドミニカ共和国との違いが論じられている。ハイチでは、国土を覆っていた森林のほぼすべてが伐採され、一%ほどを残すだけとなってしまった。ドミニカ共和国では、大統領の強権もあって多くの国立公園が設置され、森林が国土の二八%を占めている。エコツーリズムなどの観光産業も盛んで、同じようにハリケーンに襲われても、被害はハイチに比べて小さい。

観光業や災害防止機能など、ドミニカ共和国に残された森林などの生態系サービスが、この国の発展の中で一定の役割を果たしていると考えるのは自然なことだろう。

この他にも、さまざまな化学物質を吸収したり分解したりする植物や微生物、ゴカイなどの底生生物などの働きも重要な調節サービスの一つだし、鳥による害虫のコントロールも調節サービスに当たる。

温暖化防止

調節サービスの中で、近年特に重要性が指摘されているものが、森林などの生態系が持つ「気候の安定化」や「気候の調節」という機能だ。

熱帯林などの広大な森林が成長する際には、二酸化炭素を大量に吸収するし、海にすむ植物プランクトンも二酸化炭素の大きな吸収源である。沿岸に発達する湿地の植物やマングローブ、浅い海の藻場《もば》なども、かなりの量の二酸化炭素を吸収し、蓄えていることがわかってきた。化石燃料の大量使用によって大気中の二酸化炭素の濃度が高くなり始める前から、これらの生態系は地球上の炭素循環の中で重要な機能を持ち、大気中の二酸化炭素の濃度を一定に保つことで、地球の気候を安定化させる役割を担ってきた。

今、大きな問題になっている地球温暖化は、人間が地下から掘り出した大量の化石燃料を燃やすことによって、自然の生態系が吸収できる量を超えた二酸化炭素が放出された結果、大気中の二酸化炭素の濃度が高まっていることが原因だ。大気中の二酸化炭素は、「温室効果」により地球を暖めるのである。

大気中の二酸化炭素を吸収するために、森林などの生態系サービスの力を借りることが、近年、低コストの温暖化対策として注目を集めている。

生態系の基盤となる光合成

太陽のエネルギーを利用して陸上の植物が行う光合成は、「一次生産」とも呼ばれる。地球上のすべての生態系の基礎となっているのが、光合成によって作り出されるデンプンなどの栄養分で、その量は年間一三二〇億トンに達するとされている。植物の葉や幹、根などに蓄えられた光合成生産物は、他の動植物のエネルギー源として利用されるのだから、光合成という基盤サービスによって作り出された栄養分が、他の三つの生態系サービスを実現するためのエネルギー源となっていると言える。

海の中の多数の植物プランクトンも、基盤サービスを担っている。これが海の食物連鎖の基盤となり、さまざまな動植物に利用される。海産物の供給など海の生態系サービスは、この基盤の上に成り立っている。

もう一つ重要な基盤サービスが、栄養分の循環だ。光合成と関連する炭素や酸素、水素のほか、生物にとって欠かせないのが窒素だ。植物の生長に必須の栄養素である窒素を、大気中から吸収し、植物が利用しやすい形に固定するのは植物の根に共生する微生物の働きである。あまり知られていないが、硫黄も生物にとって欠かせない元素の一つで、自然界に存在する硫黄を、生物が利用しやすい形に変える微生物の働きがなければ多くの生物は生きてゆくことができない。

また、先に紹介した授粉や種子散布も、基盤サービスの一つとされる。

文化と生態系

動植物の中には、古くからの人類の信仰や慣習、文化的行事と深く結び付いているものが非常に多い。現代では、森林浴や森林セラピー、ダイビングやバードウォッチング、貴重な自然に触れるためのエコツアーなど、自然や生態系がレクリエーションの対象や機会を提供している。これらが生態系がわれわれに与えてくれる文化的サービスである。

エコツーリズムは、アフリカなど貴重な自然が残る地域で、生物多様性を持続的に利用していく手段として注目され、多くの国で急成長するビジネスとなっている。ルワンダのゴリラを見るために、あるいはマダガスカルのキツネザルを見るために、年間何万人もの人が訪れ、現地の経済に貢献している。

昔から芸術家は、美しい自然を目の前に、詩歌などの文学作品や絵画、彫刻などを作り出してきた。これらの芸術作品は、豊かな自然や生物なしには生まれなかった。間接的だが、これらも生態系サービスの一つといえよう。

「生物多様性」という言葉の生みの親の一人として知られるアメリカ、ハーバード大学のエドワード・ウィルソンには、『バイオフィリア』という著作がある。

フィリアとは「友愛」に近い意味だ。人間は、人間以外の生物に対する関心や愛情、絆を本能的に持っている、というのがバイオフィリア仮説で、このような感情は生物としての長い進化の過程の中で、人間に刷り込まれてきたものであるという。ウィルソンは「バイオフィリア」を「生命もしくは生命に似た過程に対して関心を抱く内的傾向」と定義し、人間は自発的に生物に関心を抱き、「街灯に引き寄せられるガのように、生命に引き寄せられて」いくものだという。

生物多様性が人間の精神活動にとって重要であるのはこのためで、自然や生物多様性を愛する気持ちも、人間の本能に近いものだということになる。単なる経済的な利益などを超えた「自然保護の倫理」を人類は獲得する必要がある、というのがウィルソンの主張だ。

経済的な価値に換算するのが最もむずかしく、明確に理解しがたいのが文化的サービスであ

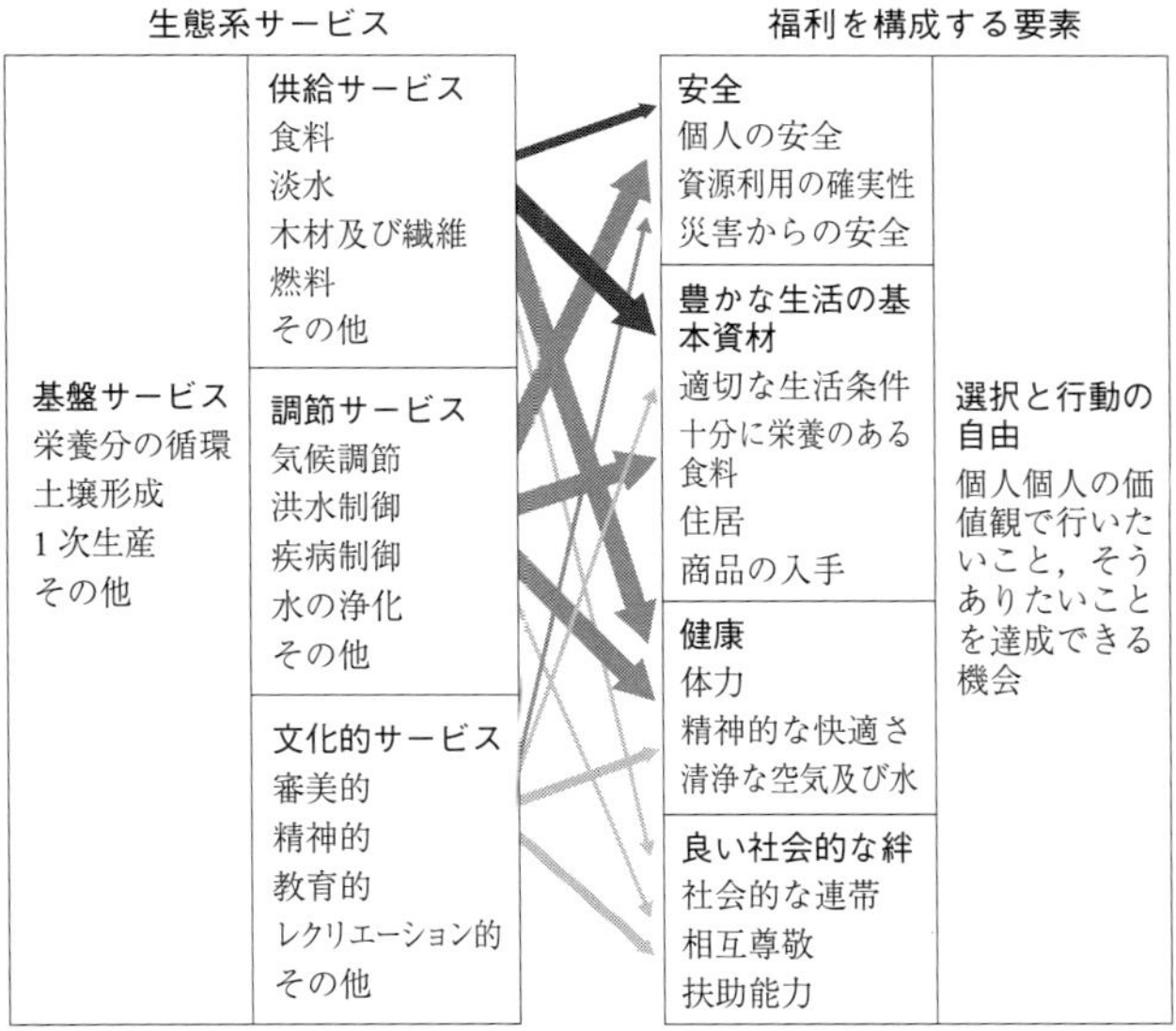

図1-1　生態系サービスの人間の福利への貢献(ミレニアム生態系アセスメントによる)．矢印の濃さは，社会経済的因子による仲介の可能性の程度を，太さは生態系サービスと人間の福利との関連の強さを表わす．

るが、これはひょっとしたら、人類にとって最も重要な生態系サービスであり、なぜ、生物多様性を守らなければならないのかを考える上でもとても重要なものかも知れない。

これらの多様な生態系サービスは、さまざまな形で人間の福利に貢献してくれている。図1-1は、国連などのグループが行った地球上の生態系の健康度に関する研究プロジェクト「ミレニアム生態系アセスメント(MA)」の報告書のまとめだ。矢印の太さは、供給、調節、文化の三種類の生態系サービスと、安全や健康など人間の福利との関係度の深さを示している。地球上での人間の暮らしが、さまざまな生態系サービスによって支えられていることがわかるだろう。

3　生物多様性の経済学

生態系サービスの価値

一九九七年、アメリカ、メリーランド大学の経済学者、ロバート・コンスタンザ博士らは、生態系サービスを分類し、過去の大量の研究結果を参照しつつ、その経済的な価値を試算して注目された。

コンスタンザらの分類は、前の節で紹介した四つの分類より細かい(表1-2)。

「大気成分の調節」とは、二酸化炭素や火山活動によって放出される硫黄酸化物などを吸収する生物の働きだ。「気候の調節」とは、大気中の二酸化炭素濃度の調節だけでなく、森林などが地域の気温や降水量に影響を与え、気候を一定範囲に保つ働きを指す。

「攪乱の調節」「水の調節」「水資源の供給」は、マングローブの護岸機能や森林の洪水調節機能を考えるとわかりやすい。

「土壌侵食の制御」「土壌の形成」は、農業にとって重要だ。古代文明が大河の流域で生まれたように、河川や森林などの生態系は、肥沃な土壌の形成に重要な役割を果たしている。森林に根を張る樹木には、土砂崩れや土石流を防いだり、風や水の流れなどによって土壌が浸食されるのを防いだりする機能がある。

表1-2　さまざまな生態系サービス
（コンスタンザらによる）

生態系サービス	例
大気成分の調節	二酸化炭素と酸素のバランスをとるなど
気候の調節	温室効果ガスの量の調節など
攪乱の調節	暴風雨からの保護，洪水の調節，干ばつからの回復など
水の調節	農業用水や工業用水の供給，運輸
水資源の供給	河川や湖沼による水の供給
土壌侵食の制御	風化や水流による土壌流失の防止，湖や湿地への土砂の供給
土壌の形成	岩石の風化と有機物の蓄積
栄養分の循環	窒素固定など
廃棄物の処理	廃棄物の処理や汚染のコントロール，無害化
授粉	植物の再生産のための花粉の供給
生物の数のコントロール	獲物になる種の数のコントロール
隠れ場所の提供	移動性動物への休息地や繁殖地，越冬地の提供
食料供給	魚，鳥獣，農作物，木の実，果実などの供給，魚の繁殖地など
原材料	木材，燃料，家畜の餌などの供給
遺伝資源	医薬品，化学物質，病虫害に強い農作物品種の開発の材料など
レクリエーション	エコツーリズム，釣りなどの野外レクリエーション
文化	審美的，芸術的，教育的，精神的，科学的な価値

サンゴ礁(アメリカ海洋大気局提供)

「栄養分の循環」は前の節で紹介した。

「廃棄物の処理」は、沿岸の湿地のことを考えるとわかりやすい。湿地や干潟の泥の中には、さまざまな生物がすんでいて、窒素やリンなどを栄養分として取り込み、海が富栄養化するのを防いでいる。干潟にいる微生物の中には、重金属や有害な化学物質を分解する能力を持っているものもいる。

「授粉」は、すでに詳しく紹介した。

「生物の数のコントロール」は「食べる—食べられる」という食物連鎖の中で、動植物の個体数が一定に保たれていることから生まれる。このサービスがなくなると、害虫が大量に発生したり、ある種の動物の個体数が急激に増えたりして、環境や生態系、人間の暮らしに大きな悪影響が生じる。

「隠れ場所の提供」はちょっと耳慣れない言葉だが、サンゴ礁や藻場、マングローブなどが魚の産卵場所や稚魚の生息場所となっていることを指す(写真)。また、渡り鳥やある種の昆虫など、長距離を移動する生物の休息場所や隠れ家も大切だ。

「食料供給」と「原材料」は、わかりやすい供給サービスである。

「遺伝資源」は、農作物の品種改良や、医薬品や化学物質などを開発する際の材料となる遺伝子や動植物種のことをいう。

「レクリエーション」と「文化」は、いうまでもなく文化的サービスである。

世界のGDPの一・八倍

現在、生態系サービスを経済的な価値に換算して評価しようという研究が、多くの研究者や研究機関によって行われている。

前の項で触れたコンスタンザらの研究は、この分野での先駆的なものだった。藻場、サンゴ礁、熱帯林、干潟とマングローブなど、一六種類の生態系について、一ヘクタールの面積で一年間に生み出される経済的価値を試算している。表1-3はその結果の一部である。

表1-3　生態系サービスの価値の試算例(コンスタンザらによる資料を改変). 1年間1ヘクタール当たりの金額を1994年のアメリカドルに換算.

海　洋	
河口域	22832
藻場など	19004
サンゴ礁	6075
森　林	
熱帯林	2007
温帯・寒帯林	302
湿　地	
干潟,マングローブ	9990
湿原, 氾濫原	19580
湖沼・河川	8498
農　地	92

一年間一ヘクタール当たりの経済的価値が最も高いのは河口域の生態系である。主なサービスは栄養分の循環で、生活排水の中に含まれるリンや窒素をはじめとするさまざまな汚染物質を吸収、固定する機能であ

る。排水を人工的に処理するには、大きな下水処理場と、その多大なランニングコストが必要になる。河口や藻場など沿岸の生態系は、効率のいい自然の下水処理場でもあるということだ。

次に価値が高いのは、湿原や氾濫原《はんらん》など、内陸の湿地だ。農業や日常生活にとって不可欠な淡水資源を蓄えたり、水害や洪水、干ばつなどの水にまつわる災害を防いだりといった調節サービスが高く評価されている。河川や湖沼も同様の生態系サービスを提供してくれるので、経済的に高い評価を受けている。これらの生態系は、天然の貯水ダム、治水ダムともいえ、人工的に実現しようとすると大規模なダム建設など多額のコストが必要になる。

また、沿岸のマングローブや干潟も、高潮の防止のような調節機能や汚染物質を処理する働きによって高い評価を受けている。サンゴ礁は、これらに加えて、レクリエーションに果たす機能が大きいとされている。森林では熱帯林の生態系サービスが大きい。

表の一年間一ヘクタール当たりの価値に、それぞれの生態系の地球上の総面積を掛け合わせた、一年間に生み出される(フローとしての)生態系サービスの価値すべてを総合するとその額はなんと三三兆ドルになる。

当時の世界の国内総生産(GDP)の総額が一八兆ドルであったので、地球上の生態系が毎年、われわれに提供してくれる恩恵はその一・八倍になる。当時は温室効果ガスの排出量取引市場はまだ存在しなかった。ここでは森林が二酸化炭素を吸収する機能などはきちんと評価されていないので、実際の金額はもっと大きくなる可能性もある。

コンスタンザらは、生態系サービスのほとんどがきちんと経済的に評価されないまま、多くの生態系の破壊が進んでいることや、一度破壊されると、それを回復することが非常に困難であることを警告し、「これらの生態系サービスの重要性と、それを浪費することが人類の福利に与える悪影響を省みることが必要だ」と指摘した。

長期的価値対短期的利益

コンスタンザらの研究手法には、発表直後から経済学者を中心に「経済的な価値を単純化しすぎている」といった多くの批判が出された。例えば「特定の地域で盛んなエコツーリズムの価値を世界全体に拡大して算定することは不適切」とか「人間の手が加わった後の生態系や自然が持つ生態系サービスの価値を過小評価している」というものである。

コンスタンザらはこれらの批判に応える形で、二〇〇二年九月に、サンゴ礁や湿地、森林などが人間にもたらす生態系サービスの価値と、それらを破壊して得られる短期的な利益を比較した研究結果を、アメリカの科学誌『サイエンス』に発表した。

研究グループは、タイのマングローブをエビの養殖場にした場合や、カナダの湿地を農地に転換した場合など、五つのモデルケースを取り上げて、生態系を保全しながら行う漁業や二酸化炭素の吸収、洪水防止機能などの利益を金額に換算し、短期的な開発で得られる経済的な利益と比較した。その結果、マングローブから三〇年間で得られる利益は、養殖場にした場合の約三・六倍に上るなど、すべてのケースで、自然を破壊しない方が利益は大きいことが判明した。

一方で、地球規模で進む森林やマングローブの破壊のペースを勘案すると、その損失額は年間二五〇〇億ドルに上る、という。開発計画を見送った場合の補償金を含めても、自然保護の費用は、保護の結果得られる利益の百分の一程度でしかないという結果も得られた。

コンスタンザらは、このような生態系サービスの経済的な価値がきちんと評価されていないことが、各地で生態系の破壊が進んでいる原因となっていることを、あらためて指摘している。

自然資本

生態系サービスは、エネルギーや物質の動きで、経済学の言葉で言えば「フロー」に当たる。これに対して、サービスを供給してくれる森林や海、湿地などの生態系や生物多様性は、サービスの基礎となるもので、経済学の用語では「資本」に当たる。コンスタンザらはこれを「ナチュラルキャピタル(自然資本)」と名付けることによって、その保全の重要性を指摘した。この研究を一つのきっかけにして、生態系が人類に与える恩恵の大きさや、その基になる「自然資本」の価値を経済的に評価しようという研究が盛んに行われるようになってきた。

生態系や生物多様性が人類にさまざまな恩恵をほどこしてくれることに注目し、これらを「自然資本」と考えようという主張は、かなり古くからあった。先に紹介したエドワード・ウィルソンも一九九二年の著書『生命の多様性』の中で、国は物質的、文化的、生物的富という三種類の富を持っていることを指摘している。生物多様性は、食物、医薬品、快適さなど未開発の膨大な資源となる可能性を秘めており、経済や文化と同様「国家にとっての一大関心事であるべきだ」と述べている。ただ、ウィルソンも同書の中で指摘しているように、経済的な富や文化的な富と違って、自然の富の重要性はこれまできちんと評価されてこなかった。

二〇〇九年に花の万博記念「コスモス国際賞」を受賞したアメリカ、スタンフォード大学のグレッチェン・デイリー博士は、この分野の研究の先駆者だ。コンスタンザらの前の論文と同じ一九九七年に、デイリーは『自然のサービス』というタイトルの本で、市場経済の中では評価されていない生態系サービスや自然資本の重要性を指摘した。

デイリーは日本のメディアとのインタビューで、自然資本が地球規模で枯渇し始めているにもかかわらず、「人間は金融資本や社会資本などを扱うのは得意だが、自然という資本について心配する人はほとんどいないのが現状だ。自然資本をだめにしたら、いくらになるかを、価格で示すことが重要だ」と述べている。生態系サービスを経済的、金銭的な価値で評価しようという研究は、自然資本の価値をきちんと認識しようという試みにほかならない。

世界自然保護基金(WWF)とオランダのユトレヒト大学のチームが、アマゾンの熱帯林の生態系サービスについて興味深い研究を行っている。

研究グループは、二酸化炭素を吸収する機能、木材や木の実などの生産、レクリエーションなど、一一種類の生態系サービスの経済的な価値を計算した。アマゾンの森が二酸化炭素を吸収する価値は、一年間一ヘクタール当たり七五〜一〇〇ドル、土壌の流失や洪水を防ぐ機能は同二三八ドルに相当する。昆虫によるコーヒーの授粉は、周辺のコーヒー農園に同四九ドルの利益をもたらし、森が生む蜂蜜や果物、キノコなどの非木材製品の産出の価値は同五〇〜一〇〇ドルと推計された(表1-4)。

表1-4　アマゾンの生態系サービスとその価値の試算
(ユトレヒト大学・WWFによる資料を改変)

生態系サービス	価　値
非木材製品の生産	年1ヘクタール当たり50〜100ドル
木材としての価値	1ヘクタール当たり419〜615ドル
土壌流失の防止	年1ヘクタール当たり238ドル
森林生物によるコーヒーの授粉	年1ヘクタール当たり49ドル
原生林に蓄えられた炭素の価値	1ヘクタール当たり750〜10000ドル

また、年間の吸収量とは別に、アマゾンの熱帯林の中に蓄積されている炭素の量を計算すると、一ヘクタール当たり最大一万ドルの価値があると考えられるという結果も示している。

研究グループは、これらの生態系サービスを評価し、森を守る努力にそれが対価として支払

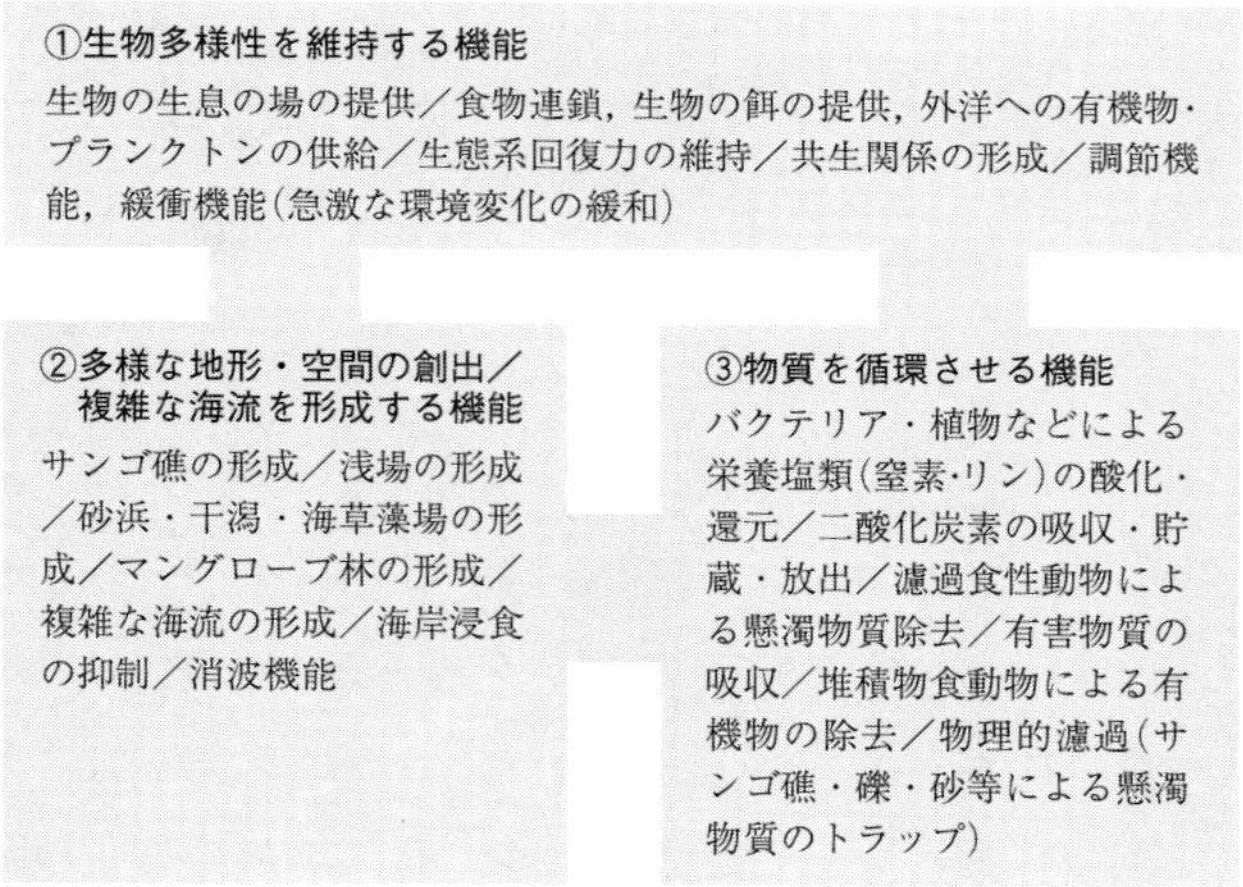
①生物多様性を維持する機能
生物の生息の場の提供／食物連鎖，生物の餌の提供，外洋への有機物・プランクトンの供給／生態系回復力の維持／共生関係の形成／調節機能，緩衝機能（急激な環境変化の緩和）
②多様な地形・空間の創出／複雑な海流を形成する機能
サンゴ礁の形成／浅場の形成／砂浜・干潟・海草藻場の形成／マングローブ林の形成／複雑な海流の形成／海岸浸食の抑制／消波機能
③物質を循環させる機能
バクテリア・植物などによる栄養塩類（窒素・リン）の酸化・還元／二酸化炭素の吸収・貯蔵・放出／濾過食性動物による懸濁物質除去／有害物質の吸収／堆積物食動物による有機物の除去／物理的濾過（サンゴ礁・礫・砂等による懸濁物質のトラップ）

図 1-2　サンゴ礁の生態系サービス（環境省による）

われるような仕組みを作れば、森林破壊防止の大きなインセンティブになると指摘する。最近では、生態系サービスの受益者がその利益の一部を支払う仕組みを作ることで、生物多様性や生態系の保全の資金を確保し、保全のインセンティブを作ろうという「生態系への支払い（PES）」という概念が提唱されるようになってきた。

日本のサンゴ礁の価値は？

日本でもここ数年、生態系サービスの価値を経済的に評価しようという研究が進んできた。

　その一つが環境省の「サンゴ礁保全行動計画策定会議」による分析だ。専門家チームは沖縄と奄美、小笠原の三地域について、干潟

表1–5　サンゴ礁の価値(環境省による). 年間の金額.

観光・レクリエーション	2399億円
漁業(商業用海産物)	107億円
海岸防護機能	75.2億〜839億円

やマングローブ、藻場などを含むサンゴ礁の機能を分析した。サンゴ礁の生態系サービスは図1–2のように多彩で、相互に複雑に関連している。このうち専門家チームが分析したのは、比較的金銭的な換算がしやすい観光・レクリエーション、漁業、海岸防護の三項目である(表1–5)。それぞれが、前の節で説明した文化的サービス、供給サービス、調節サービスの代表的なものといえる。

ダイビングなどサンゴ礁と関連の深い活動のために訪れた人たちの数に滞在費などを掛け合わせて算出した観光・レクリエーションの価値は、年間で二三九九億円。漁業は、サンゴ礁に生息する魚種や、生活史の一部をサンゴ礁に依存している種の五年間の水揚げ高を基に、年間一〇七億円。そのほとんどが沖縄のものだった。海岸防護については、サンゴ礁の機能を人工リーフでまかなうと仮定した場合の建設費を基に、年間七五・二億〜八三九億円。

以上を合計して、国内のサンゴ礁から日本人が受ける恩恵は年間二五〇〇億円以上になるというのが結論だった。専門家チームは「金銭に換算できるものだけに限ったし、漁獲量も近年低レベルにある過去五年間のものしか考慮していないので、実際の生態系サービスの価値はもっと大きくなるだろう」と説明している。

サンゴ礁の生態系サービスについては、二〇〇三年にWWFがオランダの国立研究機関の研究者と共同でまとめた報告書もある。観光、漁業、海岸防護に加えて、研究材料としての生物多様性の価値や医薬品の供給源としての価値なども含めて検討し、世界全体のサンゴ礁の年間の生態系サービスの経済的な価値を約三〇〇億ドルと見積もった。ここでは鹿児島県や沖縄などのサンゴ礁も検討対象とされ、年間の生態系サービスの金額は一六億六五〇〇万ドル、日本円で約一五〇〇億円とされている。年間の生態系サービスとは別に、自然資本としてのサンゴ礁の価値を計算すると、なんと八千億ドルにも上るとされている(表1-6)。

表1-6　世界各地のサンゴ礁の価値(WWFによる資料を改変). *アメリカ合衆国を除く.

	面　積(平方キロ)	自然資本としての価値(100万アメリカドル)
東南アジア	89000	338348
カリブ海*	19000	49527
インド洋	54000	111484
太平洋*	67000	55584
日本	3000	44500
アメリカ合衆国	3000	30097
オーストラリア	49000	167819
世界全体	284000	797359

WWFは「世界のサンゴ礁の二七%がすでに破壊され、今のまま沿岸開発などが進むと三〇年後にはさらに三〇%以上が消失する」と予測し、「サンゴ礁の消失は、人類にとって非常に大きな経済的損失だ」と指摘している。

合理的な投資

生態系の破壊は、生態系サービスや自然資本の減少といった「損失」につながるだけでなく、森林破壊によって二酸化炭素など温室効果ガスが排出されるといった具合に、追加的なコスト要因となるケースも少なくない。生態系サービスが目に見えにくいだけにこれらの損失もなかなか目には見えにくいが、自然資本としての価値を計算してみると、一年間の損失だけでもその額がいかに大きいかがわかる。逆に、多少のコストをかけて生態系の保全を行っても、その費用が消失額よりも小さければ、十分に合理的な投資とみなされるということになる。

最近では、森林破壊に歯止めをかけて、大気中への二酸化炭素の放出量を少なく抑えることができたら、その分を国際的な温室効果ガスの排出量取引市場で売れるような仕組みを作ることで、発展途上国での森林保全のインセンティブを作ろうとの考え方が提唱され、注目を集めている(第4章3節参照)。生態系サービスや自然資本を金銭的な価値に換算して示すことは、保全のための投資を拡大することへの合理的な根拠を示すことにもつながるといえる。

自然保護の経済学

生態系サービスを金銭的な価値に換算する研究の中で最も大規模なものが、ドイツ政府や欧州連合(EU)などが中心になって二〇〇七年から始めている「生態系と生物多様性の経済学(TEEB)」と呼ばれる国際研究プロジェクトだ。このプロジェクトは、地球上の生態系と生物多様性の状況を調査して将来予測を行うと同時に、生態系サービスの経済的な価値を評価する手法の確立を目指している。

まだ研究は途上にあるのだが、たとえばサンゴ礁の再生で得られる利益は一二万九二〇〇ドル(一年間一ヘクタール当たり、以下同様)、沿岸の生態系は七万三九〇〇ドル、熱帯林は七千ドルと評価されている(表1-7)。また、湿地や森林、サンゴ礁などを再生するのに必要な費用も試算されている。サンゴ礁や沿岸の湿地の再生にはかなりの費用がかかるが、もし一年間で一ヘクタールのサンゴ礁を再生することができれば、五年足らずのうちに元が取れ、以降は大きな収入が得られることになる。自然再生の費用が比較的小さくてすむ熱帯林やその他の森林、草地などはごく短期間のうちに費用が回収できる非常に効率のいい投資だということになる。

表1-7 生態系の再生費用と得られる利益(TEEBによる). 1年間1ヘクタール当たりアメリカドル.

生態系	再生に要する費用	再生で得られる利益
サンゴ礁	542500	129200
沿岸の湿地	232700	73900
マングローブ	2880	4290
内陸の湿地	33000	14200
湖沼・河川	4000	3800
熱帯林	3450	7000
その他の森林	2390	1620
灌木帯	990	1571
草地	260	1010

政策への影響

森林を皆伐して木材を売るよりも、面積は小さくても持続可能な林業経営を行い、温室効果ガスの吸収源として、また観光や森の中で育つ木の実などの「非木材製品」を売る、といった生態系サービスを活用した利用方法を考える方が長期的な利益は大きいことを、多くの研究は示している。同じように、湿地を埋め立ててエビの養殖場を作るより、レクリエーションの場として湿地を活用し、天然の下水処理場や養魚場として末永く利用する方が、結果的に人類が得る利益は大きくなる。

TEEBが目指すのは、生態系サービスに対して信頼性の高い経済評価を行うことで、これまでほとんど経済的に評価されることがなかった自然の恩恵や、それが失われることによる不利益をきちんと考慮した、より合理的な政府や企業の意思決定を促すことである。

このような研究は、すでに徐々にではあるが、政府や企業の意思決定に影響を与えるようになってきた。二〇〇八年九月には、オランダの研究グループが、欧米やアフリカなど一〇のケーススタディを基に、生態系の価値を経済的に評価する研究がどのように実際の政策決定に貢献したかを分析して発表している。

その一つは、二〇〇六年にスペインで検討された水資源に関する土木工事計画である。スペイン北東部を地中海に向かって流れるエブロ川流域から、東部へ用水路を引く計画だったのだが、エブロ川流域の湿地生態系や流域漁業に大きな悪影響を与える懸念が高まり、その影響を経済的に評価した結果、この工事で失われる生態系サービスの金額が五三億ドルにも上ることが示された。この研究が一つの契機となって、出資を検討していたEUが出資を見送ることを決定し、事業は白紙に戻される結果となったという。

研究グループは、一九八九年にアラスカ沖で発生した大型タンカー「エクソン・バルディーズ号」の座礁事故による生態系へのダメージを算出する研究が損害賠償額の決定に貢献したことなども例に挙げ、「生態系サービスを経済的に評価する手法は、公共事業や開発に関する政策決定に影響を与えることができる重要な手法だ」と結論づけた。

増える負債

だが、生態系の破壊は依然として急速に進み、生物多様性の損失には歯止めがかかっていない。生態系から得られる短期的な利益は非常に大きいので、このような意思決定がなされることも理解はできる。

重要なことは、政策決定者にいかに長期的な視野を持たせることができるかである。長期的な利益を重視することは、将来世代の利益の保護につながる。逆にいえば、短期的な利益にばかり着目して、生態系を搾取する形の行為は、次世代の人々が生態系から得られるはずの恩恵を、現代の人々が奪っていることだともいえる。

築地の市場にやってくる水産物をわれわれに提供してくれる生態系サービスを考えてみよう。人類は、海の生態系という自然資本が生み出す生物の一部を食べ物として利用している。これは、たとえていえば、自然資本という銀行に預けた預金からの「利子」である。利子だけを使って生活していれば、自然資本が傷つけられることはなく、人間は水産物を末永く利用することができる。もし「利子」の分を超えて魚を捕れば、銀行に預けた元本は徐々に減り、生み出される利子も少なくなってくる。

現在、世界の海で魚の乱獲が進んでいることは、海の生態系という自然資本を傷つけた結果、そこから提供される生態系サービスの量が、どんどん低下している状況を反映している。このままの生活を続けていれば、やがて資本はすべてなくなり、そこから提供されるサービスもなくなってしまう。

こうした現象が起こっているのは、海の生態系だけに限らない。ＷＷＦは、このような人間の暮らしを「生態系の負債(エコロジカル・デット)」を積み重ねる借金生活のようなものだと表現している。人間社会の中で負債が積み重なればやがて破産してしまうのと同じように、このまま人類が生態系の負債を積み重ね続けていけば、やがて人類の生活も生態系も破産してしまうことになる、という警告である。

サメとナマコの危機

海の生物の乱獲が深刻の度を増している。ＩＵＣＮの「種の保存委員会」のサイモン・スチュアート議長は、フカヒレ目当てのサメの乱獲を懸念する。「サメは他の魚に比べて繁殖年齢に達するまでの時間が長く、中には卵胎生のものもいて繁殖率も低い。一度個体数が減少すると、回復までにはマグロに比べてかなり長い時間を要する。マグロのような漁業資源の管理もほとんど行われていないので、多くのサメの将来はかなり不安だ」という。年間に殺されるサメの数は一億～二億匹に上るとの試算もある。シュモクザメなど多くの種で個体数の減少が指摘されており、二〇一〇年のワシントン条約の締約国会議でも取引規制が議題になった。

フカヒレ同様、中華料理の食材として珍重されるナマコも、東南アジアを中心に漁獲量の減少が目立つ。東南アジアの漁民にとっては貴重な収入源だったのだが、岸の近くに生息していて誰でも比較的簡単に捕れることが災いし、各地で乱獲が進んだ。ナマコも近い将来にワシントン条約での規制が提案されるのではないかという専門家も少なくない。

海辺に並んだフカヒレ(オーシャン・コンサーバンシー提供)

巨大なナマコを煮るフィリピンの漁師(パラワン島)

第2章　生命史上最大の危機

2006年に絶滅が宣言されたヨウスコウカワイルカ(baiji.org 提供)

1　増える「レッドリスト」

カワイルカの絶滅

「希望はついえた」——。二〇〇六年末、中国の長江（揚子江）に生息する淡水イルカ、ヨウスコウカワイルカ（本章扉写真）の国際調査グループは、そのホームページ上でこう宣言し、カワイルカが事実上、絶滅し、人類が種の救済に失敗したことを明らかにした。この年の一一月から一二月にかけての六週間、延べ三五〇〇キロにわたって行った大規模な生息調査で、カワイルカを一頭も発見することができなかったのである。

長江やガンジス川、インダス川などに、カワイルカと呼ばれる淡水イルカが生息していることはあまり知られていない。古いイルカの特徴を残す貴重な種なのだが、いずれも海のイルカよりも厳しい生息状況にある。ヨウスコウカワイルカは、急速に発展する中国の中で、パンダと並ぶ重要保護動物とされ、世界の研究者がその保護策を長い間、検討してきた。日本の研究者や水族館関係者も、民間からの募金を集めるなどして保護活動に協力したのだが、彼らの努力は実を結ぶことなく終わってしまった。ヨウスコウカワイルカは、人類が一つの種が絶滅に向かってゆく様を目撃した、きわめて珍しい例である。

同様の絶滅は、人間が知らない間に、今この瞬間にも起こっているはずである。生物種とは、地球の長い歴史の中から生まれたユニークでかけがえのないものであり、一度絶滅した種を復活させることはできない。長期間にわたってカワイルカの調査研究と保護活動に取り組んできたイギリス自然史博物館の水生哺乳類学者、サミュエル・ターベイ博士は、「ヨウスコウカワイルカを失ったことは、まともに保護をされているような目立つ動物でさえ、絶滅してしまう危険度が非常に高いということを、保護関係者に思い起こさせるものとして役立てられなければならない」と指摘している。

レッドリスト

世界の絶滅危惧種に関する、最も包括的で権威ある分析とされているのが、国際自然保護連合(IUCN)による評価だ。IUCNは、一九四八年に設立された国際的な自然保護機関で、現在では八四カ国から一一一の政府機関、八七四の非政府組織(NGO)、三五の団体が会員となっており、日本も国として一九九五年からメンバーになっている。

IUCNには、七五〇〇人の科学者が参加する「種の保存委員会」がある。科学者は霊長類、両生類、ネコ科動物、サメ類など約一二〇の専門家グループに分かれて調査研究などを行い、

表 2-1　レッドリストのカテゴリー(IUCN 日本委員会の資料を一部改変)

絶　　滅	すでに絶滅したと考えられる種
野生絶滅	飼育・栽培下でのみ存続している種
絶滅危惧 IA 類	ごく近い将来，野生での絶滅の危険性がきわめて高い種
絶滅危惧 IB 類	IA 類ほどではないが，近い将来，野生での絶滅の危険性が高い種
絶滅危惧 II 類	絶滅の危険が増大している種
準絶滅危惧	現時点では絶滅危険度は小さいが，生息条件の変化によっては「絶滅危惧」に移行する可能性のある種
軽度懸念	上記のいずれにも該当しない種
情報不足	評価するだけの情報が不足している種

個々に集められた情報を基に、数年間隔で「レッドリスト」と呼ばれる絶滅危惧種のリストを発表している。

レッドリストは、生物種を「絶滅種」「野生絶滅種」「絶滅の恐れがきわめて高い種」「絶滅の恐れが高い種」など、八つのカテゴリーに分類している(表2-1)。

「絶滅種」はすでに地球上から姿を消してしまった種で、リュウキュウカラスバトやオガサワラマシコなど日本の鳥もこの中に含まれている。

タイマイ

「野生絶滅種」は、飼育・栽培されている個体はあるものの、野生の個体がいなくなってしまった種で、長い角と美しい体色で知られるアフリカのオリックスの一種、シロオリックスが有名だ。一九六〇年代にはアフリカ各地に四千頭程度が生息していたが、その後数が急減し、一九九〇年代末の調査で野生の個体が確認できず、野生絶滅種と認定された。現在、チュニジアで飼育されているシロオリックスを人工繁殖させ、野生に戻す試みが続いている。ＩＵＣＮのレッドリストでは中国の野生個体が存在するために野生絶滅種とはされていないが、同様に野生復帰への試みが始まった日本のトキも、日本では野生絶滅種だ。

「絶滅危惧種」は、危険の度合に応じてＣＲ、ＥＮ、ＶＵの三つのカテゴリーに分類される。「準絶滅危惧種」「軽度懸念」がそれに続く。

ＣＲは最も危険度が高い種で、日本では甲羅が鼈甲《べっこう》細工の材料に使われるなどして個体数が急減したウミガメのタイマイ(写真)、沖縄のキツツキの一種、ノグチゲラ、沖縄のヤンバルオオヒゲコウモリなど二五種がリストされている。

絶滅の危険度を評価するために、ＩＵＣＮは生物の個体数の増減や生息地の広さなどによる詳細な基準を作成している。例えば、「一〇年間か三世代のどちらか長い方の間の個体数の減少率が九〇％を超えたらＣＲ、七〇％を超えたらＥＮ」といった具合である。

増える絶滅危惧種

二〇〇八年一〇月に発表されたレッドリストで評価された動植物種の数は、四万四八三八種と過去最多だった。生態系の中での重要度やデータ入手の容易さなどによって選ばれ、その数は年々、増えているが、それでも確認されている種の数一八〇万種に比べたら、ごくわずかでしかない。

このうち、「絶滅」と「野生絶滅」の数は合わせて八六九種、そのうち動物が七五四種、植物が一一五種だった。野生の個体が存在する種の中で、絶滅の恐れがあると評価されたＶＵより上の種は一万六九二八種で、評価対象となった種の三八％に上っている。評価した種の数も増えているが、この数はこれまでで最も多かった。

この中には、長期間にわたって目撃例がなく「おそらく絶滅した」とされたものが二九〇種も含まれている。また絶滅危惧種の中でも絶滅の恐れがきわめて高いＣＲにランクされた種が三二四六種もあった。

絶滅危惧種の内訳を見ると、鳥類は一二二二種で、名前が付けられている種のうちの一二%。これに対しカエルやサンショウウオなどの両生類は、確認されている種のうちのほぼ三〇%に絶滅の恐れがあるとされ、IUCNは「世界の両生類は危機的な状況にある」としている。今回の見直しで三六六種が絶滅危惧種リストに加えられ、長い間目撃例がなく「絶滅した」と認定されたカエルも少なくない。限られた生息範囲しか持たず、それぞれの地域で独自に進化した両生類の種の多様性は非常に高い。だが、日本を含めた世界各地で個体数の減少が目立ち、特に小型のカエル(写真)などの状況が深刻だ。水質汚染や気候変動、乾燥化などの影響を受けやすく、最近では、ツボカビという菌類の一種に感染したカエルが大量死していることも報告されている。

マダガスカルのアマガエル

哺乳類の状況も深刻で、評価した五四八七種のうちほぼ二〇%に当たる一一四一種に絶滅の恐れがあることがわかった。スペインやポルトガルにいるスペインオオヤマネコは、推定で八四~一四三頭しかいなくなったという。日本の哺乳類は、二七種に絶滅の恐れがあるとされた。哺乳類を絶滅の淵に追いやった理由を調べると、ほぼ四〇%のケースが生息地の破壊が主因で、これは南米や東南アジア、アフリカの森林地帯で深刻だった。

絶滅の恐れは海洋生物にも迫っている。七種のウミガメのうち、絶滅危惧種でないのは一種だけ。また一〇四五種のサメやエイの一七％に絶滅の危険が迫っているとされた。その主な原因は、乱獲や漁網への混獲、海岸やサンゴ礁など生息地の破壊とされている。

これまで評価の中心だった大型の動物から、昆虫やサンゴなどの小型の動物にまで評価対象が広がったのが、今回のレッドリストの特徴で、八四五種の造礁サンゴの二七％が絶滅危惧種とされるなど、小型の生物が置かれた状況も厳しいことがわかってきた。これらの生物は、なかなか目立たないが、すでに紹介したミツバチのように、授粉や気候の安定、災害防止、汚染物質の分解や栄養塩類の循環など、大きな生態系サービスを担っている。

ＩＵＣＮの研究グループの座長として、絶滅の危険度を科学的に評価する手法の確立に大きな貢献をしたロンドン大学のジョージナ・メイス教授は「二〇一〇年までに生物多様性の損失の速度を顕著に小さくするという国際的な目標の達成は困難な状況で、乱開発や外来種の導入、気候変動など生物多様性の損失を引き起こす原因の多くは対策が手付かずで、近い将来にこの傾向が緩やかになったり、逆転したりする可能性はほとんどない」ときわめて悲観的だ。教授は「政策や人間の行動によほどの変化がない限り、さらに生物多様性の損失が進むことはほぼ確実だ」と警告している。

日本の絶滅危惧種

海に囲まれた南北に長い島国の日本には、世界的にみても豊かな生物多様性が存在する。環境省によると、日本国内には知られているだけで九万種を超える動植物が存在し、未分類のものなどを加えるとその数は三〇万種を超えると推定されている。変化に富んだ自然の中で、島《とう》嶼《しょ》部を中心に多くの固有種が存在することで世界的に有名だ。

ＩＵＣＮなどの取り組みを受けて、各国の政府も自国内の生物種にどれだけ絶滅の危機が迫っているのかを調べ、リストを公表するようになってきた。日本の場合、一九九一年に環境庁（当時）が最初の日本の絶滅危惧種リスト（レッドリスト）を公表、詳しいデータをまとめたレッドデータブック『日本の絶滅のおそれのある野生生物』を作製している。ＩＵＣＮのレッドリストと同様、定期的に見直され、二〇〇七年に最新の評価結果が公表されている。哺乳類や鳥類だけでなく、コケや地衣類、菌類までも含む膨大な生物に関するレッドリストからは、世界の生物と同じように、日本の生物が深刻な状況に置かれていることが浮かび上がってくる（表2-2）。

評価対象となったのは動物が三万六七〇〇種あまり、植物が約三万二三〇〇種で、このうち絶滅の恐れがあるとされた種は三一五五種（動物が一〇〇二種、植物が二一五三種）である。う

表 2-2　日本の絶滅種，絶滅危惧種(環境省による)．2007 年現在．

分類群	評価対象	絶　滅	野生絶滅	絶滅危惧
動　物				
哺乳類	180	4	0	42
鳥類	約 700	13	1	92
爬虫類	98	0	0	31
両生類	65	0	0	21
汽水・淡水魚類	約 400	4	0	144
昆虫類	約 30000	3	0	239
貝類	約 1100	22	0	377
クモ類・甲殻類等	約 4200	0	1	56
植物など				
維管束植物	約 7000	33	8	1690
蘚苔類	約 1800	1	0	229
藻類	約 5500	5	1	110
地衣類	約 1500	5	0	60
菌類	約 16500	30	1	64

ち、IUCNのCRに当たる絶滅の恐れがきわめて高い種(絶滅危惧IA類)は、動物が一〇一種、植物が五二三種である。

すでに絶滅した種としては、世界中に三点の標本しか残されていない幻の鳥カンムリツクシガモやリュウキュウカラスバト、オガサワラカラスバトなど一三種の鳥類、オキナワオオコウモリとオガサワラアブラコウモリ、ニホンオオカミとエゾオオカミの四種の哺乳類など動物四六種、植物七四種が挙げられている。小笠原諸島や南西諸島など、島嶼部の生物に絶滅種が多い。

維管束植物と哺乳類のうちほぼ四種に一種、爬虫類や両生類、汽水・淡水魚類、貝類では三種に一種が絶滅危惧種になっていることは、日本の生物多様性がいかに厳しい状況に置かれているかを端的に示している。

特に淡水魚の生息状況が悪化している。開発による湖沼や河川の環境破壊に、オオクチバス（ブラックバス）やブルーギルなどの有害な外来魚の悪影響が加わったためである。CRにランクされた淡水魚の数は六一種と群を抜いており、田園地帯でかつて広く分布していたタナゴの仲間の多くに絶滅の危機が迫っている。滋賀県の琵琶湖には多くの固有種の淡水魚が生息していたが、外来魚の影響でこの生態系は破壊され、ニゴロブナやゲンゴロウブナ、スジシマドジョウなど多くの魚の絶滅が危惧されている。

環境省がレッドデータを見直す中で、ヤンバルクイナやイリオモテヤマネコは保護の必要性が叫ばれながら、個体数の減少や生息地の破壊に歯止めがかからず、絶滅危惧のランクが上昇した。一方で、これらの希少な動物だけでなく、メダカやタナゴのようにかつてはどこにでもいた動物や、秋の七草の一つであるキキョウのように、以前にはどこにでも生えていた植物までもがリストに加わった。水生のタガメやゲンゴロウやドジョウの仲間、オオサンショウウオなども今や、絶滅危惧種である。現時点では絶滅危惧とまではいかないまでも、生存基盤が危うい「準絶滅危惧種」の中には、トウキョウダルマガエルやアカハライモリ、植物ではサギソウやサクラソウ、フジバカマなどが含まれる。

本来は身近な場所にいたこれらの生物が急速に減っていることは、日本の生物多様性が抱える大きな問題点の一つである。

海はブラックボックス

環境省のリストは実は不十分である。日本の行政は縦割りで、海の生物は環境省の担当外であるため、リストに含められていないからだ。

四方を海に囲まれ、複雑に入り組んだ海岸が発達している日本の海岸線の総延長は約三万五千キロに及ぶ。これを真っすぐに延ばすと、地球の周長四万キロに迫る。複雑な海岸線に加えて、藻場や干潟、砂浜、サンゴ礁、マングローブなどさまざまな生態系が存在する日本の海の生物多様性は非常に豊かで、同程度の緯度にある他の先進国に比べて、海水魚の種類も非常に多い。これが日本人の豊かな食生活を支えてきたことはいうまでもない。

世界で一万五千種といわれる海の魚のうち、日本近海には二五%に当たる約三七〇〇種がすんでいる。世界の海鳥は約三〇〇種が知られているが、このうち一〇四種が日本周辺に生息し、うち三八種が繁殖をしている。海の哺乳類も、クジラとイルカ四〇種に加え、八種のアザラシやアシカ、それにラッコとジュゴンの計五〇種が生息している。世界の海洋哺乳類は約一一〇種とされているので、その半分近くを日本近海で見ることができるということになる。捕鯨によって個体数が著しく減少し、絶滅の恐れがきわめて高いとされるニシコククジラなどが姿を見せることもある（写真）。

海の生物の生息状況を調べるのは、水産庁の仕事である。水産庁は一九九八年に『日本の希少な野生水生生物に関するデータブック』をまとめた。データブックでは、調査した種や亜種のうち、半分以上の二二五種の生存基盤が脅かされており、マリモやジュゴン、カブトガニなど六六種の生物が絶滅寸前だとしている。だが、水産資源の持続的な利用に重点が置かれている上、分類カテゴリーも最新のＩＵＣＮのカテゴリーに合致せず、独自のカテゴリーが設けられているなど、多くの問題点が指摘されている。

コククジラ（アメリカ海洋大気局提供）

水産庁はその後まとまった調査を行っておらず、日本近海の生物の状況は一〇年以上にわたってブラックボックス状態になっている。環境省のレッドリストやレッドデータブックの中には、トドやラッコ、ジュゴンなど海の哺乳類のごく一部が掲載されているが、クジラやイルカの仲間、さらには世界的に個体数の減少が指摘されているサメやタツノオトシゴなど海の魚に関するデータはまったくない。水産庁はこれらの一部について「沿岸の漁業資源」としての評価を行っているにすぎない。

地球温暖化や海洋汚染、乱獲によって海の生物の危機が深まっているとの研究結果が世界各地から報告される中、内外の研究者や環境保護団体の間では、日本周辺の海の絶滅危惧種の包括的な調査を行うべきだとの声が高まっている。

2　地球史上第六の大絶滅

地上の種はどれだけ？

そもそも地球上にはどれだけの生物がいるのだろうか。これまで多くの研究者が、地球上に生息する生物種の数を推定しようと試みてきた。しかし、はるかに膨大と見られる未知の種の数の推定はおろか、これまでに記載された種の数すらよくわからないというのが現実だ。

生物多様性研究の先駆者エドワード・ウィルソンは、一九九二年の著書の中で、既知の種数を一四〇万種と見積もっている。このうち半分以上が昆虫の仲間で、その次に多いのが高等植物の仲間だ。第1章で紹介したダーウィンのランのように、昆虫と植物は長い地球の歴史の中で、一緒になって多様な進化を遂げてきた。これらの種数が非常に多いのはこのためだ。熱帯林に足を踏み入れ、そこに存在する多様な植物と昆虫の姿を目にすれば、これは容易に理解できるだろう。

といっても実は、中には同じ種類の生物に複数の名前がついているケースがあったり、まとまった文献がなかったりして、この推定自体、かなりの誤差を含んでいる。これはウィルソン自身も認めており、誤差は軽く一〇万くらいあるかもしれないとしている。こうしてウィルソンは、地球上の生物種の数を一千万～一億の間と見積もった。

フィールド調査からのアプローチとしては、一九八二年にアメリカ、スミソニアン協会の自然史博物館の生物学者、テリー・アーウィンがパナマの熱帯林で行った調査が有名だ。彼は殺虫剤を使って熱帯林の中の樹木のてっぺんから下まで生息する昆虫を集め、熱帯林に生息する昆虫の数を約三一〇〇万種と推定した。

国連環境計画（ＵＮＥＰ）が一九九五年に世界各国一五〇〇人の科学者を集めてまとめた報告書では、これまでに科学者によって確認され、名前が付けられた生物種の数は約一七五万種、これから推定した生物種の総数は一三六二万種となっている。

また、一九九五年にアメリカのテネシー大学などのグループは、これまでに提出されたさまざまな推定値を比較し、深海などまだほとんど調べられていない場所が少なくないことなどを勘案して、地球上の生物種の数は八千万～一億になる可能性があるとした。

オーストラリア出身の著名な数理生物学者で、イギリス政府の首席科学顧問を務めたこともあるロバート・メイ博士は日本での講演で、五〇〇〇万～一二〇〇〇万種の範囲が可能とした上で、約七〇〇〇万種と推定し、「三〇〇〇万程度、あるいは一億以上とする推定もあり得ないとはいえない。これらの推定はすべて昆虫の数に左右される」と述べている（表2–3）。

表 2–3　知られている種の数から推定される全種数（C. Lévêque, J.-C. Mounolou, Biodiversity より）

	知られている種の数	推定種数
ウイルス	4000	50 万？
細菌	4000	100 万？
菌類	72000	100 万～200 万？
植物	27 万	32 万？
昆虫	95 万	800 万
魚類	22000	25000
両生類	4200	4500
爬虫類	6500	6500
鳥類	9672	同左
哺乳類	4327	同左

大絶滅の歴史

現在の生物は、四〇億年ほど前に最初に地球に生まれた生物（おそらく単細胞の細菌のような生物）がさまざまな種に分化して形成されてきた。図2–1は、過去約六億年にわたる、地球上の生物種の数（正確には「種」の上の「属」のそのまた上の分類上の名称である「科」の数であるが）の変化を、化石の研究などを基に推定したものだ。図の始まりは約五億四〇〇〇万年前の古生代カンブリア紀で、この時期に、動物種の分化が爆発的に起こった。これを宇宙誕生時の大爆発になぞらえて、「動物進化のビッグバン」と呼ぶこともある。それ以後、急速に生物種の数が減少した時期が五つある。地球上にいた生物の多くが短期間に絶滅し、後に別の種に取って代わられる、という現象が繰り返されてきたのである。

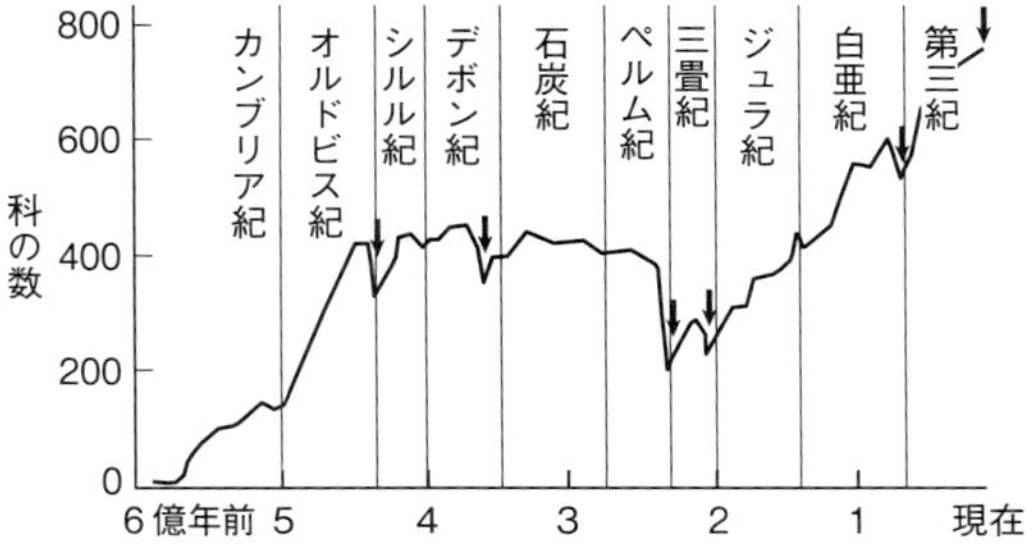

図 2-1　古生物学に基づいて推定される過去の大絶滅
（E. O. ウィルソン『生命の多様性』を改変）

最初の大絶滅は四億四〇〇〇万年前（古生代オルドビス紀末）に発生し、生物の八五％が絶滅した。当時栄えていた三葉虫や、イカやタコに似た頭足類などが大きな影響を受けた。

三億六五〇〇万年前（古生代デボン紀末）には、生息していた生物の七五％が姿を消した。多くの海の魚が絶滅した一方で、陸上の植物や節足動物への影響は小さく、その後、急速な進化を遂げることになる。

二億四五〇〇万年前（古生代ペルム紀末、中生代三畳紀との境目にあたるためPT境界と呼ばれる）の絶滅は地球史上、最大規模のものだった。海の生物の九五％以上が絶滅し、有孔虫、多くのサンゴなどが姿を消し、残されていた三葉虫など古生代の生物はこの時にすべて絶滅している。この大絶滅は地上の生物にも大きな影響を与え、昆虫の「科」の三分の二、脊椎動物の「科」の七〇％がいなくなった。

二億一五〇〇万年前（中生代三畳紀末）の絶滅は、一五〇〇万年という比較的長い時間にわたって続き、生物の七五％が姿を消した。化石をよく目にするアンモナイトが大きな影響を受けるなど、海の生物への影響が大きかった。爬虫類の多くが絶滅し、後に地球上で恐竜が栄えるきっかけを作った。図からわかるように、減少した生物の「科」の数が大絶滅の発生前に戻るまでには一億年以上の時間を要している。

六五〇〇万年前（中生代白亜紀末、KT境界と呼ばれる）には、ジュラ紀から繁栄していた恐竜が突如として絶滅した。アンモナイトが完全に絶滅したほか、海の底生生物やプランクトンの大多数が姿を消し、地上の植生も多くが失われ、生物の七〇％超がいなくなった。

白亜紀末の大量絶滅は、地球に直径一〇キロほどの小惑星が衝突して大規模な環境変動を引き起こしたためだという説がある。一九九一年にはメキシコ、ユカタン半島で巨大な隕石の衝突痕とみられるクレーターが発見されるなど、この説はほぼ確実視されるようになった。

それ以降、地球上の生物種は増え続けてきた。一つには、大陸移動によってかつて一つだった大陸がバラバラになり、多様化した環境に適応して生物が進化したためだ。また、小惑星の衝突もなければ、巨大な火山活動が鳴りをひそめていることもその理由の一つといえる。

第六の大絶滅

図2-1には、現在の位置にもう一つの矢印を記した。今この地球上で、過去五回の現象に

匹敵する規模の生物種の大絶滅が起こっているのである。これはいうまでもなく、人間活動が原因である。

ウィルソンは著書の中で、「世界の生物多様性を危機に陥れてきたのは人間の人口統計上の「成功」である」と指摘し、「わが種は陸上植物が有機物質として捕らえる太陽エネルギーの二〇～四〇％を独占しているのだ。人間がこれだけ地球上の資源を吸い取っては、人間以外の他種の大部分が減らずにすむわけがあるまい」と記している。

といっても、地球上にどれだけの生物がいるのかもよくわかっていない上、生物が絶滅したことを確かめることも非常に難しい。生物の絶滅の頻度がどれくらいかを調べることはかなり困難な作業である。ウィルソンは、熱帯林が破壊される速度などを基に、きわめて控えめな推定値として、熱帯林の一千万種の生物のうち、一年間で二万七千種が絶滅しているとした。一方、化石の分析から求めた自然に起こる生物の絶滅は、一〇〇万種について一年あたり一種と考えられている。ウィルソンの推定値は熱帯林に限られているが、その二七〇〇倍である。ウィルソンは、現代を「第六の大絶滅時代」と呼んだ。

生物の絶滅率を推定する作業はその後も続けられ、精度は高まっている。過去の傾向を基に、特定の生物種が二〇年後、三〇年後に絶滅する確率なども推定できるようになってきた。最近では、現代は、自然の百倍から千倍の速度で絶滅が進んでいるとする見方が一般的になっている。

しかも第六の大絶滅は、過去五回と質的に異なる。それは、湿地や熱帯林などの破壊が急速に進んでいるという点だ。過去の大絶滅の後、五〇〇万〜一〇〇〇万年の間に、新たな種が生み出されてきた現場は、湿地や熱帯林だったといわれている。これら「進化の揺りかご」ともいわれる生態系が破壊されていることは、代替種を生み出す進化の能力が、大きく損なわれている可能性があることを意味している。

著名なアメリカの生態学者、ノーマン・マイヤーズ博士は「大量絶滅後に膨大な代替種を提供する「原動力」としての役割を果たした熱帯林や湿地を傷めることによって、代替種を発生させる能力が衰えるであろう」、また「現在の危機は、大量絶滅の損失を回復するという進化の能力を大幅に剝奪することになるだろう」と指摘している。

過去に起こった絶滅の際には、ダイオキシンやいわゆる環境ホルモンのような有害物質は環境中にはなかったし、コンクリート張りの海岸線や河川も存在しなかった。植生が破壊されることはあっても、それはあくまでも自然の現象であって、何万ヘクタールもの森林がわずかの間に皆伐されて荒れ地になるということもなかった。ここに人間が引き起こした急激な気候変動の影響が加わることになる。

第六の大絶滅は、過去五回の大絶滅よりはるかに大きく、場合によっては取り返しがつかないような傷跡を地球上の生物に残す可能性があるのだ。

なぜ種を守るのか

種の絶滅は急速に進んでいるが、それの人間への影響となると必ずしも明確ではない。存在すら知られていない熱帯林の小さな生物が絶滅したところで、人間生活に即座に大きな影響を及ぼすことはあまり考えられない。ウィルソンが指摘するように、今日一日だけでも多くの種が絶滅しているはずだが、人間がそれを感じることはほとんどない。

「もしかしたら今、絶滅しつつある種が、将来、人類にとって非常に有用な医薬品の開発に重要なものかもしれない」という可能性も指摘されるが、これもあくまでも仮定の話である。ミツバチやインドのハゲワシのように、個体数の急減や種の絶滅が、人間生活に直接、明確な影響を及ぼしたケースは実はそう多くはないといえる。

いったん絶滅しかけた種の生息地を回復し、繁殖活動を促して個体数を増加に向かわせるには、膨大な手間と時間、それにコストがかかるが、これまで、動植物を絶滅の危機から救い、個体数の増加につなげた事例が少なからず存在する。中国のジャイアントパンダ、アメリカのハクトウワシなどである。日本でも、トキやコウノトリ、アホウドリなどで保護増殖に成功した。しかし、研究者の中には、人的資源も資金も限られているのだから、一種類の動物の保護増殖に多くの資源を投入するよりも、森林などの生態系全体を守る努力にその資源を投入した方が、ずっと生物多様性保全への貢献が大きいと主張する人もいる。

それでもやはり人間は、絶滅の危機にある種を救う努力をしなければならない。「なぜなら種の絶滅は、空を飛んでいる飛行機から次々とリベット(鋲《びょう》)を抜いてゆくようなものなのだから」。

こう指摘したのは、第1章で紹介したポール・エーリッヒ博士である。飛行機から一つのリベットが抜け落ちても、即座に飛行に影響が出ることはないように、ある種が絶滅し、あるいは個体数が急減しても、近縁の種が同様の機能を果たして生態系を支える。ところが、抜け落ちるリベットの数がだんだん多くなってくると、いずれ限界に達し、やがて飛行機は空中でバラバラになって墜落してしまう。次々と絶滅によって種を失っている現在の地球の生態系は、リベットを落としながら飛んでいる飛行機のようなものなのだ、というのが博士の指摘である。このままでは、地球の生態系という飛行機はやがて墜落の時期を迎える。人類という搭乗客もその時は一緒に墜落することになる、というわけだ。

生態系の中で個々の種が果たす役割については、「リベット仮説」のほかにもさまざまな考え方がある。

生態系の中で大きな役割を果たす少数の種に、そのほかの多くの種が依存して生きているという考え方は、「運転手と乗客仮説」と呼ばれる。少数の運転手が多くの乗客を運んでいるというイメージである。

生態系の維持に特に重要な種は「キーストーン(要石)種」と呼ばれる。湖の中でプランクトンを食べる大型の魚がいなくなった結果、プランクトンが大発生した例はその典型だ。アメリカのイエローストーン国立公園(写真)では、オオカミがいなくなったためにシカなどが増えて、植物に対する食害が深刻化した。その対策として、カナダからオオカミを再導入する試みが行われている。日本でも、近年、各地でシカの個体数が爆発的に増えて、食害など生態系にさまざまな影響が出ているのだが、その原因の一つとして、ニホンオオカミが絶滅したことを挙げる研究者がいる。

イエローストーン国立公園

このようにキーストーン種は、その生態系の中で食物連鎖の頂点に立つ捕食者であることが多い。たとえば、トラがいる環境がきちんと守られ、その個体数が安定していることは、トラが生息する森林の生態系や生物多様性がきちんと保全されていることを示している、と考えれば非常にわかりやすい。

3　生態系の未来

生態系の姿

消失の危機に立っている生態系も少なくない。熱帯林の破壊が象徴的に取り上げられることが多いが、消失の速度でみればサンゴ礁やマングローブ、ブラジルの大平原「セラード」などの方がはるかに問題は深刻である。

地球上の生態系は将来どうなってしまうのだろうか。アメリカの環境シンクタンク、世界資源研究所(ＷＲＩ)の発案に国連が賛同し、二〇〇一年から「ミレニアム生態系アセスメント(ＭＡ)」というプロジェクトが行われ、九五の国から約一四〇〇人の専門家が参加した。日本からは国立環境研究所や東京大学の研究者が加わった。二〇世紀の生態系の変化を振り返り、今後五〇年の生態系の変化と人間生活への影響を予測しよう、というのが狙いであった。生態系と生態系サービスの問題を国連が真正面から取り上げたのは初めてのことで、ＩＵＣＮのレッドリストが種の多様性を主に扱ったのに対し、ＭＡは、森林、農地、草地、淡水、沿岸域の五つの生態系に着目して検討したのが特徴だ。

二〇〇五年に発表されたＭＡの統合報告書は「生態系と人類の福利」と題された。「過去五〇年の間、人類は過去のどの時代よりも急速、かつ大規模に生態系を改変してきた。これは食料や淡水、木材や繊維、燃料などへの需要が急増したためで、その結果、地球の生物の多様性は大規模に失われ、そのほとんどが不可逆的なものである」。これがMAの最初の結論だ。

MAによると、一九四五年から二〇〇〇年までの間に、世界の土地の多くが農耕地に転用され、すでにその面積は地表のほぼ四分の一に達している。これにともなって熱帯林などの自然の植生は減少傾向が続き、一九八〇年以降に限って見ても、マングローブの三五%が失われた。サンゴ礁ももともとあった面積の二〇%がすでに消失し、また二〇%が質の低下がきわめて深刻だという。漁業や水資源のために重要な淡水域の生態系破壊も激しく、現在残る湿地は一九〇〇年ごろの半分だけ。世界中の主要な五〇〇の河川の半分以上が、深刻な水質汚染や水不足に見舞われている。

MAは、この生態系の改変は、経済成長や人類の福利への貢献など、人類に大きな利益をもたらしたことを認める一方で、「この利益は多くの生態系サービスの劣化や一部の人々の貧困の深刻化というコストを払うことによって得られたものである」と指摘、これらの問題に正面から取り組まない限り、「将来の世代が生態系から得られる利益が失われることになる」と警告した。例えば、樹木が再生する能力を超えて木を切ったために森林が破壊されたことで、木を売った人は大きな利益を得られても、森の生態系サービスに依存して暮らしていた先住民などは暮らしが成り立たなくなり、将来世代も森林からの恵みを得られなくなる。

さらにＭＡは、漁業資源の突然の崩壊や海洋汚染が進んで、「デッドゾーン」と呼ばれる生物のすめない海域がどんどん広がるなど、科学者の予想を超えた生態系の不可逆的な変化が突然現れる例があることを指摘している。図2―2は、人類が非常に長い間、利用してきた大西洋のタラの漁獲量が一九九〇年代に急激に落ち込み、漁業が崩壊した様子を示している。

人類の影響による生態系の変化は、常に直線的に進むのではなく、この例のように突然、予測不可能な形で深刻化する可能性に留意する必要があるというのが、ここでの指摘である。

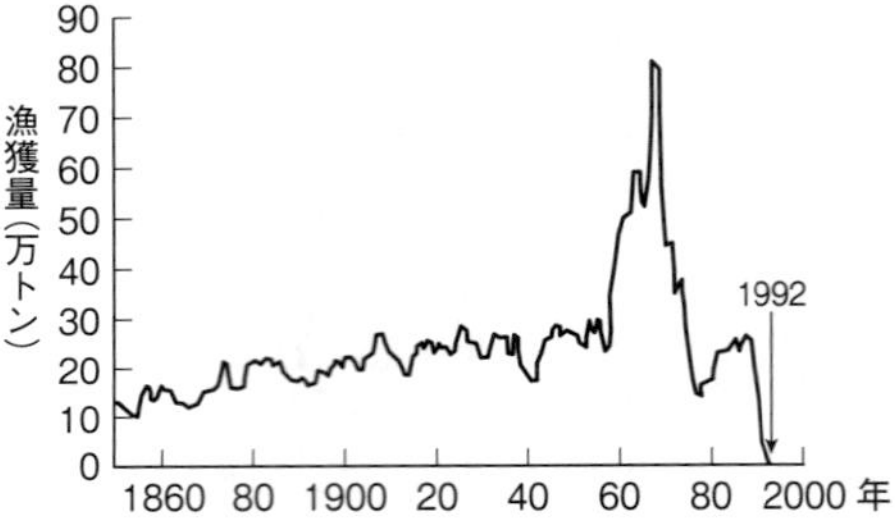

図 2–2 大西洋ニューファンドランド島沖のタラの漁獲量の変遷（MA による）

貧困解消の障害

ＭＡが焦点を合わせたテーマの一つに、生態系サービスと貧困の問題がある。

発展途上国の貧困問題は、依然として深刻である。先進国に暮らしていると理解できないことだが、現在、日々の暮らしの中で安全な飲み水を手に入れられない人は世界に一〇億人弱、衛生的なトイレを使えない人は二四億人もいるとされている。アフリカの途上国の中には、平均寿命が三〇歳代という国も少なくない。

このような状況を何とかしようと、世界の首脳が二〇〇〇年、国連の場に集まって途上国の貧困解消に関する数値目標を打ち立てた。「ミレニアム開発目標(Millennium Development Goals)」、その英語の頭文字を取ってＭＤＧｓと呼ばれる。

ＭＡは、途上国を中心に進む生態系サービスの劣化がＭＤＧｓ達成の障害となっていると指摘した。

二〇〇五年四月、統合報告書の発表のための記者会見で、ＭＡプロジェクトの共同議長で、「気候変動に関する政府間パネル(ＩＰＣＣ)」の二代目の議長も務めたロバート・ワトソン博士は、「発展途上国の貧しい人の多くが森林やサンゴ礁やマングローブに依存している。もし、われわれが生態系を劣化させることを続けたら、彼らはいつまでたっても貧困から抜け出せず、地球上から貧困はなくならない」と指摘した。

生態系サービスの変化

ＭＡは、生態系サービスの現状を分析している（表２－４）。二四種類の生態系サービスのうち、向上傾向にあるのは農作物や家畜の供給、水産資源の養殖、地球規模での気候の調節の四項目だけ。特に長期間の変化がないのが、木材供給、綿や麻、絹などの供給、水の調節、病気の調節、レクリエーションとエコツーリズムの五項目で、天然漁業、水の浄化と廃棄物の処理、授粉、災害の調節など一五項目が、劣化傾向にあるとされた。

このデータは、現在の生態系や生物多様性の利用方法がいかに持続可能でないかを示している。ＭＡは「ほぼ六〇％の生態系サービスが劣化し、非持続的に利用されている」と指摘する。特に天然の漁業資源と淡水資源は、現在の需要を満たすことができないレベルにまですでに低下し、将来の世代のニーズを満たすことが望めないと評価された。

ＭＡは、一部の生態系サービスを向上させようとする試みによって別の生態系サービスが劣化するという、生態系サービス間のトレードオフ関係も指摘している。農業や畜産というサービスを向上させるために、森林や草地のサービスが劣化していることがその証明で、ＭＡは、特に現在の経済システムの中では評価されない「市場価値のない生態系サービス」が、傷つけられやすいとしている。

表２－５は、ＭＡの結論をまとめたものである。気候帯ごとの森林や草原、各種水域や島嶼、

表 2-4　生態系サービスの現状(MA による)

▲：向上，+/−：混在，▼：劣化

供給サービス			
食料	農作物	▲	生産量が大幅に増加
	家畜	▲	生産量が大幅に増加
	天然漁業	▼	漁獲過剰により生産量が減少
	水産資源の養殖	▲	生産量が大幅に増加
	野生の食物	▼	生産量が減少
繊維	木材	+/−	ある地域では森林が減少，ほかの地域では増加
	綿，麻，絹	+/−	ある繊維では生産量が減少，その他では増加
	木質燃料	▼	生産量が減少
遺伝資源		▼	絶滅や農作物の遺伝資源の損失による減少
生化学物質，自然薬品，医薬品		▼	絶滅や過度採取による消失
水	淡水	▼	飲用，工業用，灌漑用の非持続的な使用：水力エネルギーの量は変わらないが，ダムによって利用可能なエネルギー量は増加
調節サービス			
大気質の調節		▼	大気の自浄能力は低下
気候の調節	地球全体	▲	20 世紀の半ば以降は正味の炭素吸収源となる
	地域および地方	▼	負の影響の方が勝る
水の調節		+/−	生態系の変化と場所によって異なる
土壌侵食の調節		▼	土壌劣化が進む
水の浄化と廃棄物の処理		▼	水質が低下
病気の調節		+/−	生態系の変化によって異なる
病虫害の抑制		▼	殺虫剤の使用により，自然による抑制能力が低下
授粉		▼	花粉媒介者の数が世界的に明らかに減少
自然災害の調節		▼	自然緩衝地帯(湿地，マングローブ)が消失
文化的サービス			
精神的および宗教的価値		▼	神聖な林地と生物種が急激に減少
審美的価値		▼	自然の土地が質的・量的に減少
レクリエーションおよびエコツーリズム		+/−	利用可能な地域が多くなるが，多くのところで質が低下

表 2–5　生態系への過去の影響（マス目の影が濃いほど強い）と今後の傾向（矢印で表わす）（MA による）．矢印が上を向いているほど今後の影響は強いと予想されている．

		生息地改変	気候変動	外来種	過剰利用	汚染
森林	北方林	↗	↑	↗	→	↑
	温帯林	↘	↑	↑	→	↑
	熱帯林	↑	↑	↑	↗	↑
乾燥地	温帯草原	↗	↑	→	→	↑
	地中海性	↗	↑	↑	→	↑
	熱帯草原	↗	↑	↑	→	↑
	砂漠	→	↑	→	→	↑
陸水域		↑	↑	↑	→	↑
沿岸域		↗	↑	↗	↗	↑
海洋		↑	↑	→	↗	↑
島嶼		→	↑	→	→	↑
山岳地		→	↑	→	→	↑
極地		↗	↑	→	↗	↑

山岳地など一三種類に分けた生態系に対する、生息地改変、気候変動（地球温暖化）、外来種など五つの脅威について分析している。

マス目の影が濃いほどこれまでの悪影響が大きい。熱帯林やマングローブに代表される沿岸域、温帯の草原などでは土地の改変の影響が特に大きく、島嶼部では外来種の悪影響が、海では乱獲などの過剰利用が深刻なことがわかる。

一方、マス目の中の矢印は、今後、この影響が大きくなるか、小さくなるかという予測を示している。今後、悪影響が急激に増大するとみられる上向きの矢印は非常に多く、状況が好転するとみられるのは、温帯林の改変ただ一つだけである。これまではすべてにわたってそれほど大きな影響をもたらしてこなかった気候変動の悪影響が、これから急激に大きくなると予想されている。

生態系サービスの将来

五〇年後の地球の生態系と生態系サービスの将来を予測した点も、ＭＡの大きな成果の一つだ。今後の経済成長や人口増加、国家間の関係の在り方、生態系の管理の仕方について四つのシナリオを作り、各シナリオに沿って予測を行った。

第一の「国際的調和」シナリオでは、グローバル化と貿易の自由化が進む一方で、国際的な協調も進んで、途上国の貧困対策も進む。経済成長は四つのシナリオの中で最も大きいが、二〇五〇年の人口は最も少なくなる。

第二の「権力による統制」シナリオでは、グローバル化よりも地域主義や保護主義が中心になる。経済的にペイしない公共投資は縮小し、市場主義経済が中心になる。経済成長率は途上国で成長が進まないために小さい一方で、人口増加が激しい。

第三の「適応的モザイク」シナリオでは、地域の河川の流域に即した経済成長や政治活動が進む。例えば、メコン川流域の国々の政治的、経済的な協調が進む、といった世界である。国よりも地域レベルでの意思決定や生態系の管理が進み、経済成長率は最初は低いが徐々に増加し、二〇五〇年の人口もかなり大きくなる。

最後の「テクノガーデン」シナリオでは、環境や生態系を管理し育てるための技術が発展する。生態系サービスを向上させるためのさまざまな技術が普及し、経済成長率は比較的高いが、

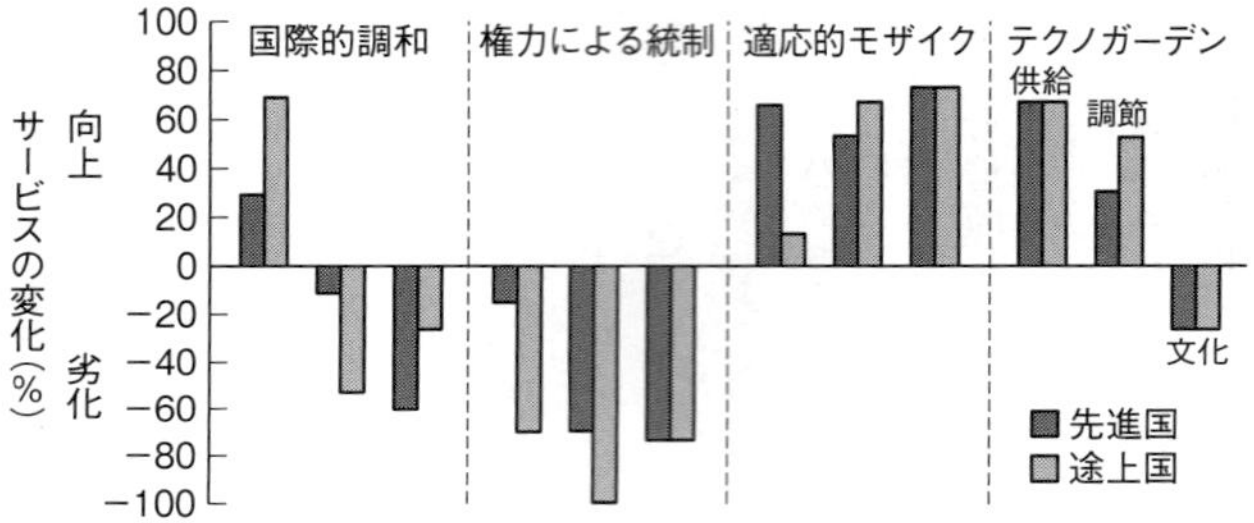

図 2-3　2050 年の生態系サービスの予測（MA による）．4 つのシナリオに基づき，3 種の生態系サービスを，それぞれ先進国と途上国について予想した．

人口増加はそれほどでもない。

最初の二つのシナリオでは、生態系への変化に対して受け身の対応がとられるが、後の二つでは生態系の変化を先取りした対応が行われるとされている。

ＭＡは、これら四つのシナリオについて、三種の生態系サービスの変化を先進国と途上国に分けて予測した（図2-3）。生態系サービスの劣化が激しい最悪のものは「権力による統制」シナリオだ。今の世界はこの最悪のシナリオを歩んでいるように思えてならない。生態系サービスを最大限向上させられるのは「適応的モザイク」シナリオで、多くのサービスを向上させながら、これを利用して貧困の廃絶も進むというものだ。

「生態系サービスの劣化に歯止めをかけ、急増しつつある生態系サービスへの需要を満たすという難題を部分的にせよ解決できるシナリオを描くことはできる。生態系サービス間のトレードオフをなくし、生態系サービス間の相乗効果を生み出すようなオプションも存在する。だがそのためには政策面、制度面、実行面での大胆な「チェンジ」が必要だ」。これがＭＡの最も重要なメッセージである。

そのための具体的な提言としてＭＡは、人間社会でのすべての意思決定の中心に生態系評価の考え方を持ち込み、現在の市場では評価されない生態系サービスの価値も考慮に入れることの重要性を訴えている。具体的には、生態系サービスを保護するような土地利用を行っている人々にその対価を報奨金のような形で支払う仕組みをつくることや、海洋保護区などの設定、認証制度や環境ラベリングといった制度を導入して消費者の行動パターンの変化を促すことなどを挙げている。また、生態系に配慮した技術への投資を促進して、新たな技術の開発を進めることの重要性も強調している。

積み重なる負債

地球の生物多様性が置かれた状況を総合的に評価しようという興味深い試みがもう一つある。環境保護団体の世界自然保護基金（ＷＷＦ）が数年に一度、各国の研究者の協力でまとめている「生きている地球レポート」だ。最新の二〇〇八年版の報告書は、生物多様性の現状を「生きている地球指数（ＬＰＩ）」という数値で表している。ＬＰＩは、世界各地の陸域、川や湖などの淡水域、海洋に生息する一六八六種の野生生物について、約五千の地域個体群の個体数の減少率を基に算定される(図2-4)。一九七〇年を基準としてみると、世界のＬＰＩは二〇〇五年には三〇％近く減少した。熱帯地域に限ってみると五〇％も低下している。熱帯林の伐採などが地域の生物多様性に大きな影響を及ぼしていることがよく表われている。

また、人間が地球の環境に与えている影響の大きさを「エコロジカル・フットプリント（ＥＦＰ）」という指数で示している。フットプリントとは「足跡」の意味である。

ＥＦＰは、化石燃料や木材資源など、さまざまな資源の消費量や人間活動の環境への負荷を「グローバル・ヘクタール」という面積に換算した指標で、「地球の利用率」を表しているとみることができる。木材や海産物の消費量はその生産に必要とされる森や海の面積に、二酸化炭素の排出量はそれらを吸収するのに必要な森林の面積に換算している。

当然のことであるが、人類の「足跡」の大きさは年々、大きくなっている(図2-5)。図の横線は、地球の生態系が持続的に生産できる農作物や森林が吸収できる二酸化炭素の量などから

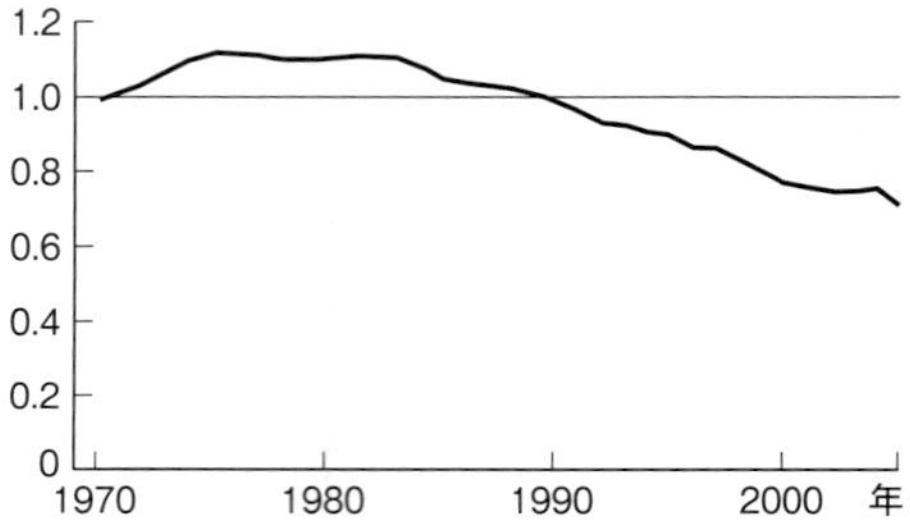

図 2-4　生きている地球指数(LPI)(WWF による). 1970 年を 1.0 とする.

算出した「地球環境が持つ許容量」のレベルだ。この範囲内で生活していれば、地球の環境や生物多様性に大きな悪影響を与えることはなかったのだが、一九八五年ごろにこれをオーバーし、二〇〇五年の時点では一・三倍になっている。

ＷＷＦは「これは地球が本来持っている生産力を超え、原資を食いつぶす形で、人類が消費を拡大し続けているということにほかならない」と指摘し、これを「生態系の負債（エコロジカル・デット）」と呼んでいる。まさに未来の世代からの借金である。図はこの負債がどんどん積み重なっていることを示している。

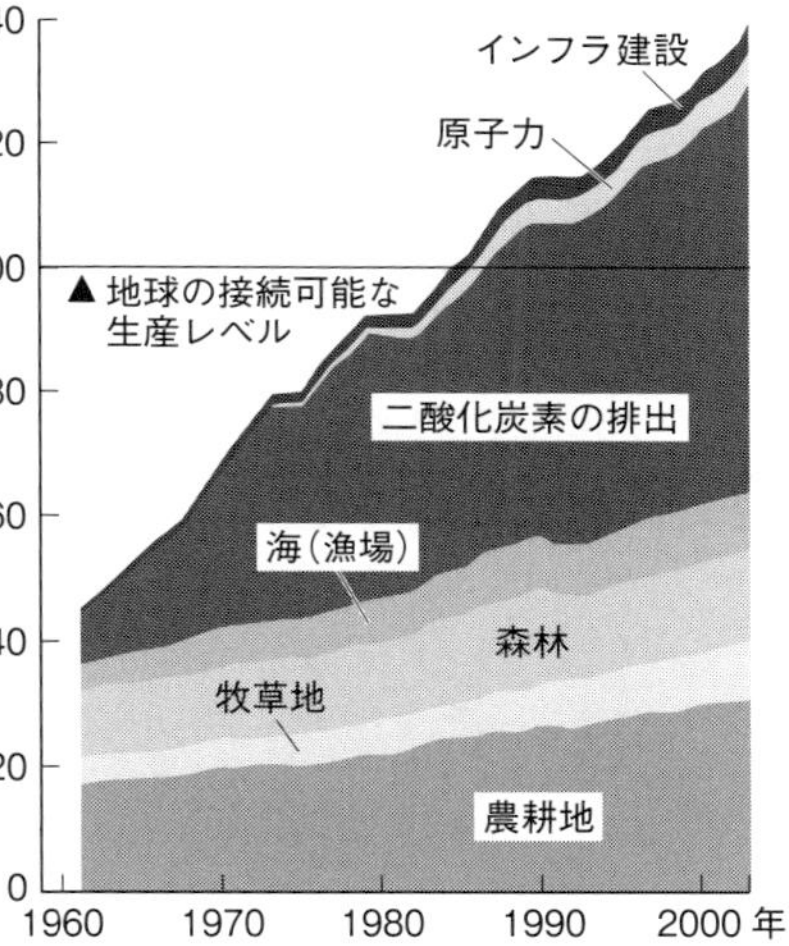

図2–5　人間が地球に印す足跡「エコロジカル・フットプリント（EFP）」（WWFによる）

ＥＦＰがこのまま増え続ければ、二〇三〇年ごろには地球の許容量の二倍に達する。つまり、二〇三〇年にはもう一つ地球が必要になるということだ。こんな借金生活を続けていれば、いつかは破産する。破産の日は、いつやってくるかわからない。前節で紹介したリベット仮説が示唆するように、一定の閾値を超えた時点で、予想もしなかったような急激な変化が地球の生態系全体に現れることへの懸念が高まっている。

「可能な限り早い時期に負債の増加傾向を止めて減少に向かわせ、地球の許容力の範囲内で生活し、豊かになる道を発見しなければ大変なことになる」というのが、レポートのメッセージである。

河川改修の跡(広島市)

4　里山——日本の生物多様性保全の鍵

日本の三つの危機

「海に囲まれ、南北に長く、雨に恵まれた日本で、本来豊かであるはずの生物多様性は、今、危機に瀕しています」——。これが日本政府による、自国の生物多様性に関する公式な見解である。二〇一〇年三月に閣議決定された「生物多様性国家戦略2010」の文言だ。国家戦略は、日本の生物多様性に対する危機には三つの側面があるとしている。

第一の危機は、開発など、人間が引き起こす負の要因である。海岸や河川環境の破壊(写真)、魚の乱獲など、数え上げればきりがない。

第二の危機は、これとは逆に、人間から自然に対する働きかけが減ることによる悪影響である。昔は、近くの森や山に立ち入って、薪《まき》や炭の原料となる木材、屋根を葺くための材料や、食料を得てきた。このように人間が関与することによって成り立ってきたさまざまな自然が日本には存在する。「里山」「里地」などと呼ばれるものだ。ところが、過疎化や高齢化の進行、農林水産業の衰退などによって人間が利用しなくなった結果、生物の生息状況も悪化するようになってきた。

第三の危機は、生物の外来種や有害な化学物質など、人間が外部から持ち込むことによって起こる生態系の「攪乱」である。

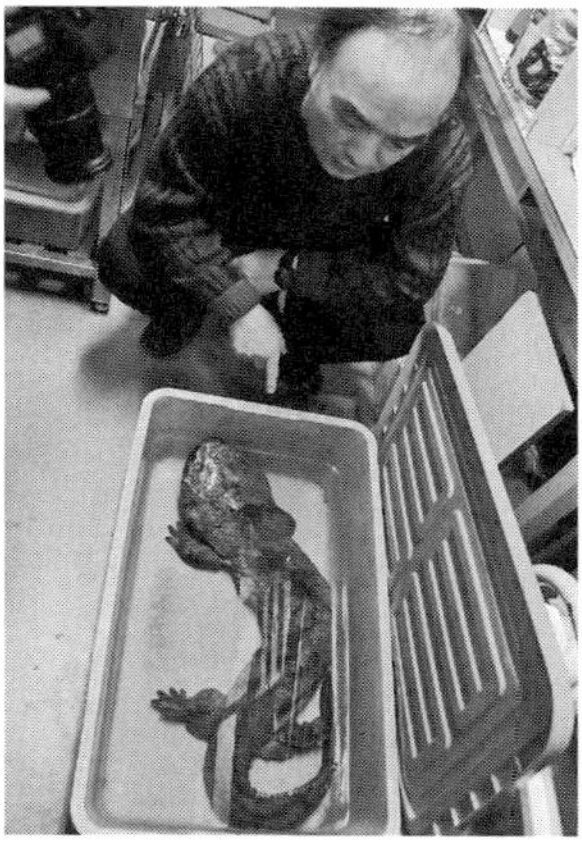

チュウゴクオオサンショウウオ

ブラックバスやブルーギルなどの外来魚は、全国各地の河川や湖沼の生態系に大きな影響を与え、琵琶湖などでの固有の淡水魚の個体数の減少を招いたと指摘されている。ハブの駆除の目的で持ち込まれたマングースや、ペットとして北米から大量に輸入されて野生化したアライグマなどが各地で問題を引き起こしている。日本固有のオオサンショウウオが近縁のチュウゴクオオサンショウウオと交雑するといった「遺伝子汚染」の問題も起こっている（写真）。

環境中で分解されにくい農薬やポリ塩化ビフェニル（PCB）などの有害物質は、生物の体内に高濃度で蓄積する。生物が生きていく上で重要なホルモンと似たような働きをして、その機能を阻害する「内分泌攪乱物質（環境ホルモン）」や、漁網や船の底に貝などが付着するのを防ぐために使われ、ごく微量で海洋生物に悪影響を与える有機スズ化合物など、生物の生息に悪影響を与える化学物質は数多い。これらの三つの危機は別々に発生するわけではなく、多くの場合、複数の危機が同時に一つの場所で起こる。

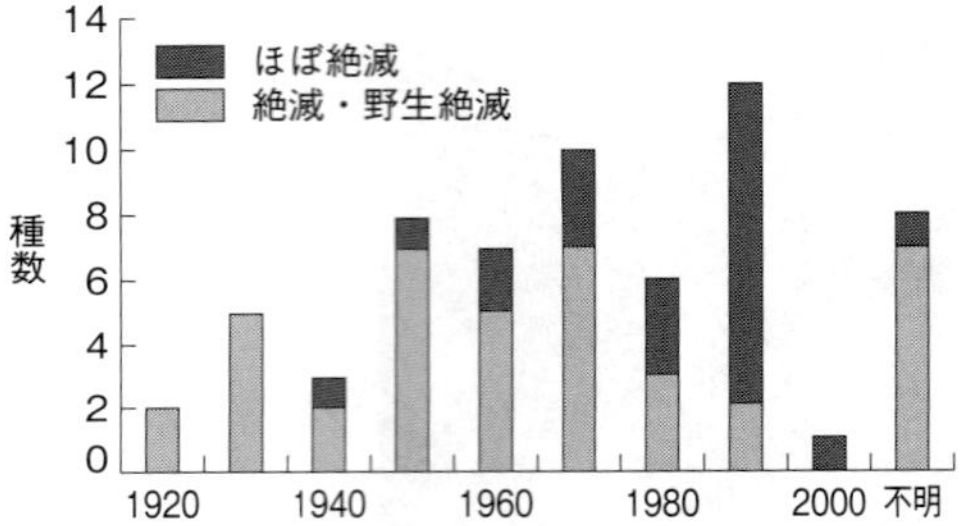

図 2-6　日本の維管束植物の絶滅年代（環境省の資料による）．2003〜04 年の調査．

総合評価

日本の生物多様性に忍び寄るこれらの危機を示すデータは数多い。

図2-6は、維管束植物の絶滅種・野生絶滅種、近絶滅種について、いつごろ起こったのか

を年代別に並べたグラフである。二〇〇〇年代が少ないのは調査が二〇〇三〜〇四年に行われたためである。これを見ると、年々、植物の生育状況が悪化していることがわかる。

図2-7は、陸域・陸水域・沿岸域の生態系の面積の変遷を示したものだ。人工林の面積は

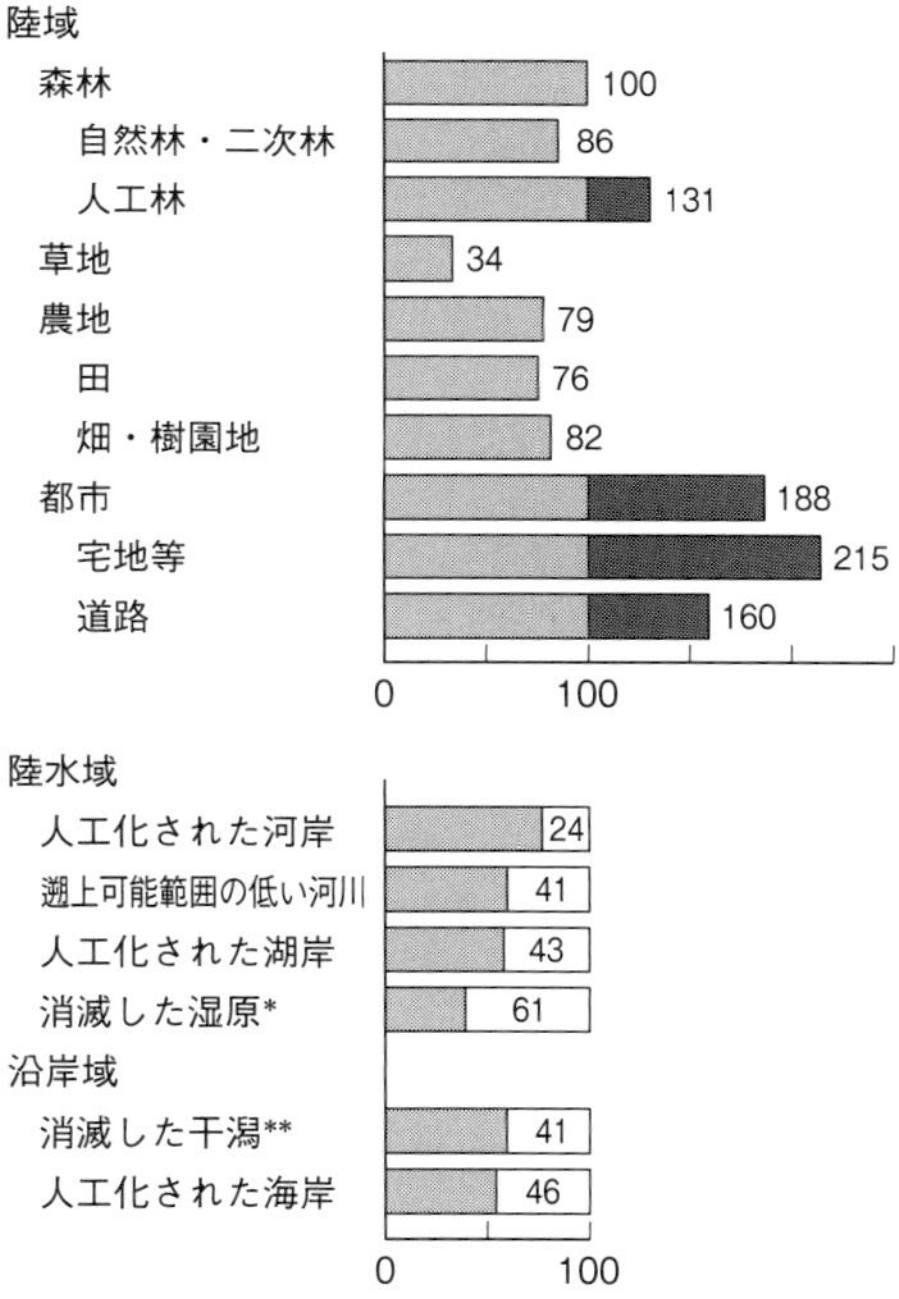

図 2-7　土地利用および生態系の面積の変遷(環境省の資料による)．注記したもの以外は 1960 年代に対する 2000 年代の割合．*1900 年ごろ，**1945 年を 100 とする．

増えているものの、天然林や草地の生態系が減っている。都市や宅地、道路などの急増ぶりも著しい。水辺の生態系の状況はさらに深刻で、一九〇〇年からの一〇〇年間で日本の湿原はなんと六一％もなくなってしまった。コンクリートなどで改変された海岸や河川、湖岸などの増加も著しく、海辺の干潟や海岸の自然破壊も深刻なことがわかる。

図2-8は、侵略的外来種の典型である淡水魚のオオクチバス、外来雑草のアレチウリ、哺乳類のアライグマについて、年代ごとに分布が拡大する様子を示している。生息域が日本列島を埋め尽くしてゆく様は、まさに「侵略」といえる。

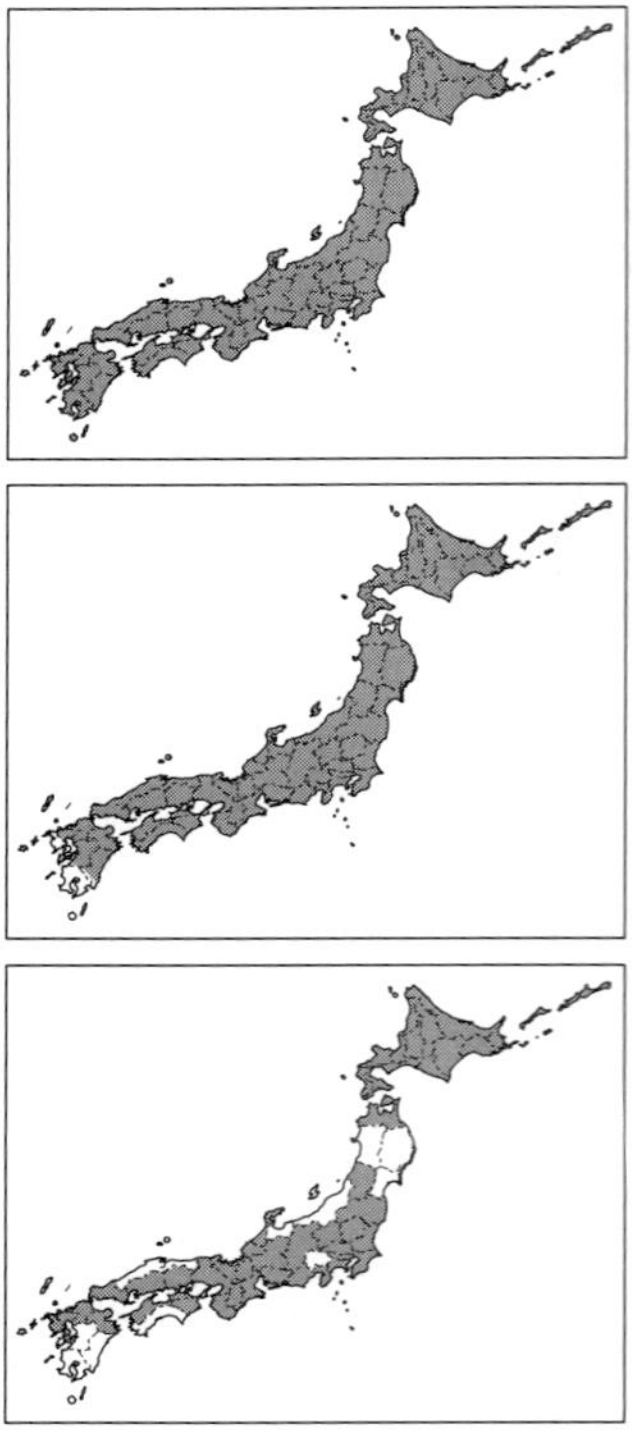

2000 年代

年にオオクチバスの生息が確認

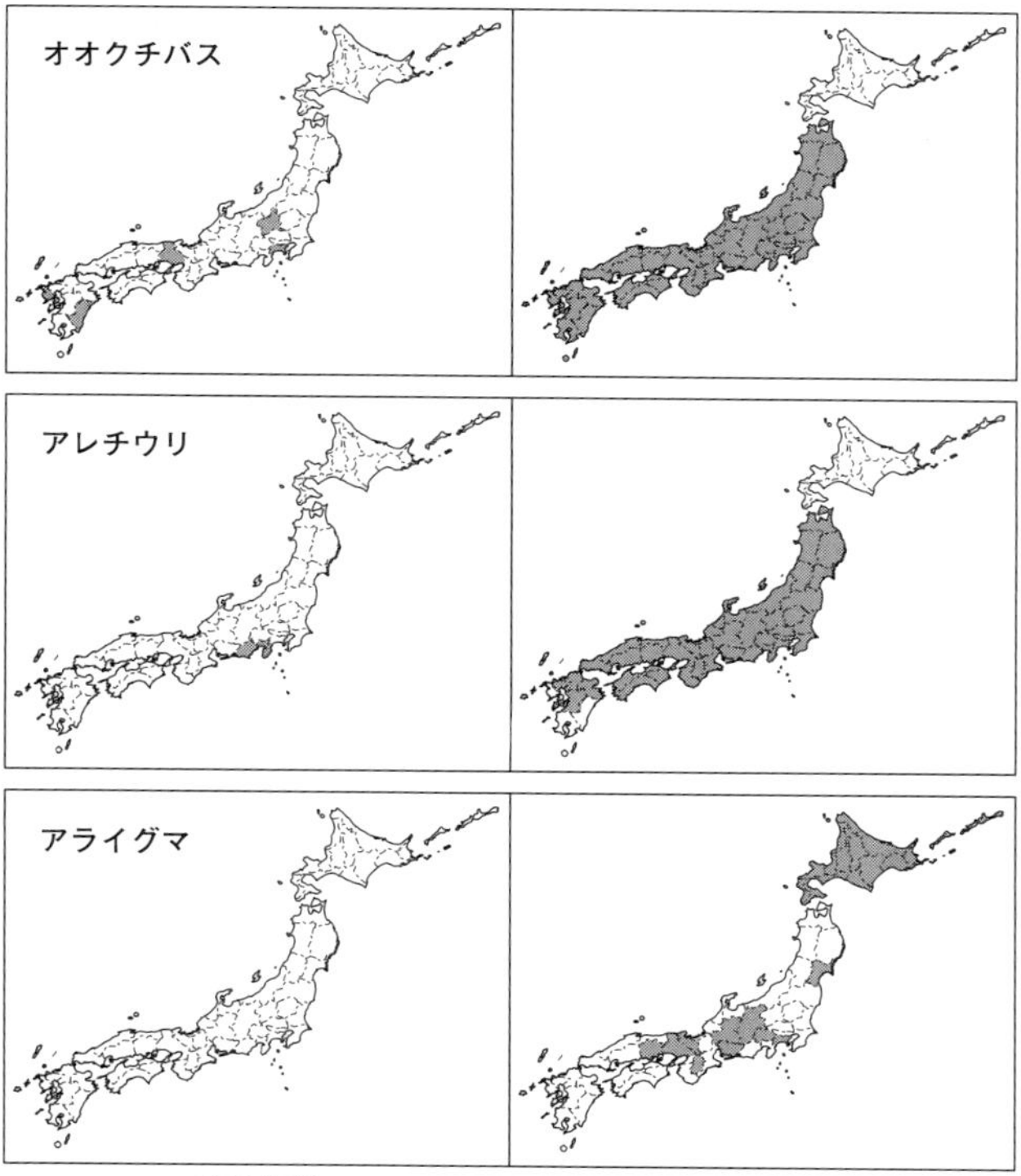

1950 年代　　1990 年代

図 2-8　外来種の分布の拡大(環境省の資料による)．北海道では 2001
されたが，2008 年には一掃が宣言された．

環境省は二〇一〇年に、これらの多くのデータを基に「生物多様性総合評価」をまとめた。「森林」「農地」「都市」「陸水」「沿岸・海洋」「島嶼」の六つの生態系ごとに、損失の程度を評価し、今後の傾向の予測を行った。

陸水、沿岸・海洋、島嶼は、この間に生物多様性が大きく損なわれており、この生物多様性の損失傾向は今後も続くと予想された。森林生態系と農地の生態系は、これら三つほどではないが、一九五〇年代の後半以降からの損失が大きい。今後の予測では、森林は横ばいだが、農地では損失が続くと予想されている。これは、人間の手が加わらなくなることによる「第二の危機」の影響がこれからも続くとみられるためだ。

「わが国の生物多様性の損失はすべての生態系に及んでおり、全体的に見れば損失は今も続いている」というのが、総合評価の結論である。総合評価は、地球温暖化が一層進むことによって、さらなる損失が生じることが予想されると警告し、中でも、温暖化の影響を受けやすい陸水や島嶼、沿岸・海洋の生態系では「今後、不可逆的な変化を起こすなど重大な損失に発展する恐れがある」と危機感を表明している。

柴刈りの山、トンボの水田

「おじいさんは山に柴刈りに、おばあさんは川に洗濯に行きました」。童話「桃太郎」の有名なフレーズだが、柴刈りを知る人はどんどん少なくなっているのではなかろうか。おじいさんはアルバイトでゴルフ場の芝刈りに出かけたわけではなく、燃料にする柴の木を採るために山に出かけたのである。

日本の、そして世界の生物多様性保全を考える上で今、この「里山」が注目されている。

里山という言葉は、一七五九年に木曾材木奉行補佐格の寺町兵右衛門が筆記した「木曾山雑話」に「村里家居近き山をさして里山と申し候」と記されているという。人里離れた「奥山」に対して、人里近くにあって農家の人々が、さまざまな形で利用してきた山地や森のことを指す(写真)。

里山の森

林学では、農家の生活に欠かせない低い山地の森を農用林と呼んできたが、これに「里山」という名を与えたのが、二〇〇九年に亡くなった日本の森林生態学の大家、京都大学名誉教授、四手井《しでい》綱英《つなひで》さんである。

昔の人々は、里山に入って枯れ葉や柴、薪などを採取して燃料とし、里山の木々で炭を焼いた。枯れ葉や枯れ枝は肥料として重要だったし、カヤやヨシは屋根材などの建築材料としても貴重なものだった。キノコや木の実、タケノコなどの豊かな食料も採れ、周辺の清流や湖沼では魚などの貴重な動物性タンパク質が得られた。薬草や、道具を作るのに欠かせないタケなども里山の恵みである。

人間が定期的に関与することで維持されてきた生物多様性は、里山に限らない。里山の生態学に詳しい鷲谷いづみ東京大学教授によると、水田についても同様のことがいえるそうである。河川の近くには、もともと氾濫原《はんらん》といって時々水浸しになる場所があり、そこには多くのトンボや水生昆虫などがすんでいた。人間が稲作を始めるようになると、水田が氾濫原に代わる役割をし、これらの生物は水田にすみ着き繁栄した。コンクリート張りの用水路が整備され、畦《あぜ》道などがなくなってしまう前の水田は、生物多様性がきわめて豊かな場所であった。

鷲谷さんによると、日本にはヨーロッパ全体よりも多い二〇〇種近くのトンボが生息しており、両生類も熱帯に匹敵するほど多い。「トンボと両生類は、幼生期には水の中で生活し、大人になると森に出ていく。この生態が水田に適しているからこれだけ多くの種が生息している」という。トキやコウノトリなどの鳥類も、水田の近くで生息していた生物であった。

里山や水田、草地などは、人間が関与することで、地域において維持されてきた。森林や草地、畑や水田、河川やため池、湖沼などがモザイクのように入り組んでいる土地利用のパターンが、里山を中心とする日本の豊かな生物多様性を支えてきたのである。里山利用には、日本人にとっての文化的な価値や歴史的な価値があるという研究者もいる。

里山の変貌

ところが、日本人にとって身近なものだったこの里山の生態系は今、人間の手が加わらなくなったために危機的な状況にある。

農業生産を効率化するための水田の「改修」や圃場整備、戦後の拡大造林による広葉樹林の破壊と単一人工林の拡大、それに続く林業の衰退、地方で急速に進む高齢化と過疎化によって放棄された水田や農地、草地、山林の激増など、その原因は数多い。宅地開発などによって破壊され、バラバラに分断されてしまった里山も少なくない。

熊本県の阿蘇山周辺に広がる草地は、非常に豊かな生物多様性が存在する場として知られている。この草地は、放牧や野焼き、農業や草刈りといった人の手が加わることによって維持されてきたのだが、現在ではだんだんとそれがなくなって、藪や低木林に変化し、生物多様性が失われる懸念が高まっている。

近年のサルやイノシシ、シカなどの野生動物による農業被害の増大や、クマと人間の間で発生するトラブルの増加も、里山の生態系が崩壊したために、野生動物の行動が変化したことが一因であるといわれる。松食い虫などの森林の虫害の拡大も、森林の管理が行き届かなくなっ

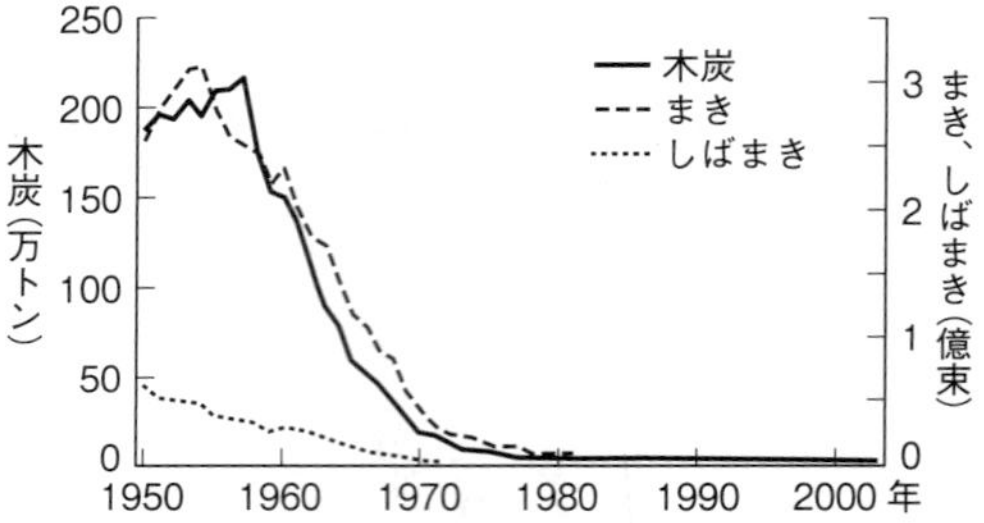

図 2-9　薪炭の生産量の推移（環境省の資料による）

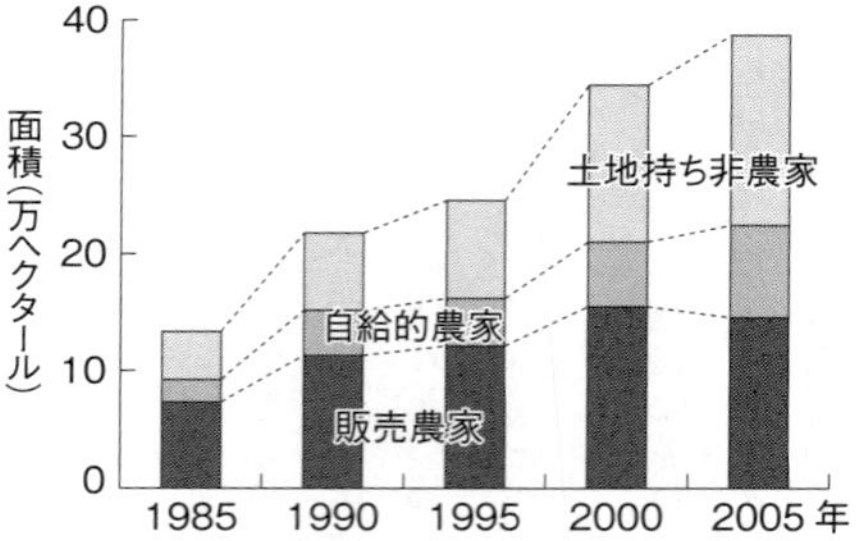

図 2-10　耕作放棄地面積の推移（環境省の資料による）

たことが一因とされている。

薪炭の生産量の減少や耕作放棄地面積の拡大の様子（図2-9、10）などをみると、過去五〇年ほどの間に日本における里山などの自然環境の利用方法がいかに大きく変わってきたかがわかる。

こうしてみると、人間の暮らしから離れた場所にすむ生物だけではなく、メダカやタガメ、ダルマガエルなど、ちょっと前ならば身の回りのどこにでもいたような生物が急速に姿を消していることも、日本の生物多様性を取り巻く大きな問題だということが実感できるだろう。

一方で、生物多様性を保全し、人と自然との関係を見直そうとの機運が高まる中で、里山環境の保護や再生の重要性が指摘されるようになってきた。よく調べてみると、このような生態系は、日本以外にも、フランスやドイツ、東南アジアやアフリカなど世界各地に存在し、人間活動と豊かな生物多様性が共存している場所が少なくないこともわかってきた。

日本政府は、二〇一〇年秋、名古屋市での生物多様性条約締約国会議に向け、里山をヒントに、人間と生物多様性との新たな関係の構築を目指す「里山イニシアティブ」というものを提唱している。

侵略的外来種

体長五〇センチを超える大きな白いコイが水面高く飛び上がる。バーンという音を立ててボートにぶつかり、船内に飛び込んできて、バタバタと跳ね回るものもいる。二〇〇三年の秋、地元の漁師の小さなボートに乗って、アメリカ、イリノイ州のミシシッピ川に乗り出した時のことだ。

この魚はハクレンという中国産の外来魚で、ミシシッピ川などで大量に繁殖して大きな問題になっている。大きなジャンプをする習性があり、「フライング・カープ(空飛ぶコイ)」と呼ばれて漁師に嫌われている。研究者は、河川から五大湖に侵入し、生態系に悪影響を与えることを懸念する。

宮城県，伊豆沼でのブラックバスの駆除作業(全国ブラックバス防除市民ネットワーク提供)

アフリカ、ビクトリア湖のナイルパーチ、日本のブラックバスやブルーギルなど、外来魚が及ぼす害は世界各地で深刻だ。このようにその地域に在来でない生物種が人間活動によって入り込み、生態系に大きな悪影響を与える外来種は「侵略的外来種」と呼ばれる。生物多様性条約事務局によると、一七世紀以降、原因が判明している動物の絶滅のうち四〇%近くに侵略的外来種が関与しているという。外来種の影響は、ニュージーランドやマダガスカル、ハワイ、太平洋の島国などで特に大きい。日本でも、特に小笠原諸島や南西諸島で被害が深刻だ。その駆除に要する費用は、世界全体で年間一兆四千億ドルに上るとの試算もある。

第3章　世界のホットスポットを歩く

マダガスカル固有の霊長類，インドリ

1　ホットスポットとは

豊かさと危機

地球上には「生物多様性のホットスポット」と呼ばれる場所が存在する。生物多様性は地球上に一様に分布しているわけではなく、特に豊かな場所が存在する。「人類が優先的に生物多様性保全の努力を傾けるべき場所を特定しよう」との考えからホットスポットの概念を最初に提案したのは、アメリカ、スタンフォード大学のノーマン・マイヤーズ博士らである。環境保護団体、コンサベーション・インターナショナル（CI）の霊長類学者、ラッセル・ミッターマイヤー代表らも研究グループに加わっていた。

最初に二五カ所のホットスポットが選定されたのは二〇〇〇年のことで、イギリスの科学誌『ネイチャー』に研究論文の形で発表された。自生する植物種の〇・五%以上が固有種であるか、一五〇〇種以上の固有種が自生していること、かつ、もともとあった植生の少なくとも七〇%がすでに失われてしまったことがその条件であった。

ホットスポットに選定されたのは、マダガスカル、ニューカレドニア、ブラジル中央部の大平原セラード、大西洋岸に発達するアトランティック・フォレスト(大西洋岸の森)、ニュージーランドなどである。ホットスポットに迫る危機は植生の減少で見ることができる。ホットスポット全体で、もともとあった植生の一二・二%しかなく、フィリピンの場合はわずか三%、地中海沿岸は四・七%しか残されていない。

研究グループは固有の植物種の多さや植生面積の減少率など八つの基準を基に、ホットスポット中のホットスポット八カ所も選定している(表3-1)。これらが世界で最も保全の取り組みの優先度が高い地域だといえる。トップはマダガスカルで、フィリピン、マレー半島やインドネシアなどを含むスンダランド、ブラジルの大西洋岸の森がこれに続く。いずれの場所も、もともとの植生の八八〜九七%が失われてしまっており、このままではそう遠くない将来にすべてが失われてしまう、貴重かつ緊急の行動を要する地域である。

論文の試算では、二五カ所のホットスポットの保全に必要な資金は概算で年間五億ドルであった。当時、これらの地域の保全に投じられている資金は年間四千万ドルと、必

表3-1　ホットスポット中のホットスポット(マイヤーズらによる)

地　名	現存の植生面積(%)
マダガスカル	9.9
フィリピン	3
スンダランド	7.8
ブラジルの大西洋岸の森	7.5
カリブ海諸島	11.3
インド・ビルマ	4.9
西ガーツ・スリランカ	6.8
東アフリカ沿岸林	6.7

要額の八％でしかなかった。

日本もホットスポット

二〇〇五年には、九カ所の新たなホットスポットが追加された。アフリカ半島の北東部に突き出したソマリアやエチオピアなどの「アフリカの角《つの》」地域や、中央アジアの山岳地帯とともに、この中には日本も含まれている。固有の植物種が非常に多いことが、日本がホットスポットに加えられた理由の一つだった。

三四カ所のホットスポットの面積を合わせても、地表面積のわずか二・三％にすぎない（図3－1）。一方、これらのホットスポットには絶滅が最も危惧されている哺乳類、鳥類、両生類の七五％が生息しており、また、すべての維管束植物の五〇％と陸上脊椎動物の四二％が、これらのホットスポットにのみ生息している。

ある地域の生物多様性は、その地域に住む人々にとってなくてはならないものであることはどこでも同じである。だが、地球上の生物多様性が急速に減少する一方で、保全のための資源は限られているので、すべての種、すべての場所の生物を救うことは残念ながらできない。ホットスポットの概念は、限られた資源の中で、どうすれば最も効率的に、地球上の生物多様性を残すことができるのか、資源を投入するにはどこから始めればいいのかを決めるための、保全戦略上のきわめてプラクティカルなものであった。

多様性の危機と紛争

ホットスポットを定める上での重要な条件の一つは、生物多様性への危機が差し迫っていることだった。生物にとって重要な場所は、人間にとっても重要な場所である。加えて、多くのホットスポットが、人口増加が著しい発展途上国に存在する。これらのことが、ホットスポットと地域紛争を結びつける。

二〇〇九年にミッターマイヤー博士らが保全生物学の専門誌に発表した論文は、一九五〇〜二〇〇〇年の間に発生し、千人以上の死者を出した戦争や地域紛争のうち八〇%が、生物多様性のホットスポットの中で起こっていることを明らかにした。三四カ所のホットスポットのうち、大きな紛争を経験していない場所は一一カ所にとどまった。

ベトナムやカンボジアなど東南アジアで多発した戦争や紛争、ルワンダやコンゴ民主共和国の大虐殺など、ホットスポット内で発生した紛争は数多い。ルワンダの紛争では希少なマウンテンゴリラが殺され、コンゴ民主共和国の国立公園では九五%近くのカバが殺された。

二〇〇五年に新たにホットスポットに追加された「アフリカの角」は、二五〇〇種を超える固有種の植物が自生するユニークな半乾燥地帯の生態系で、ベイラやディバタグという一属一

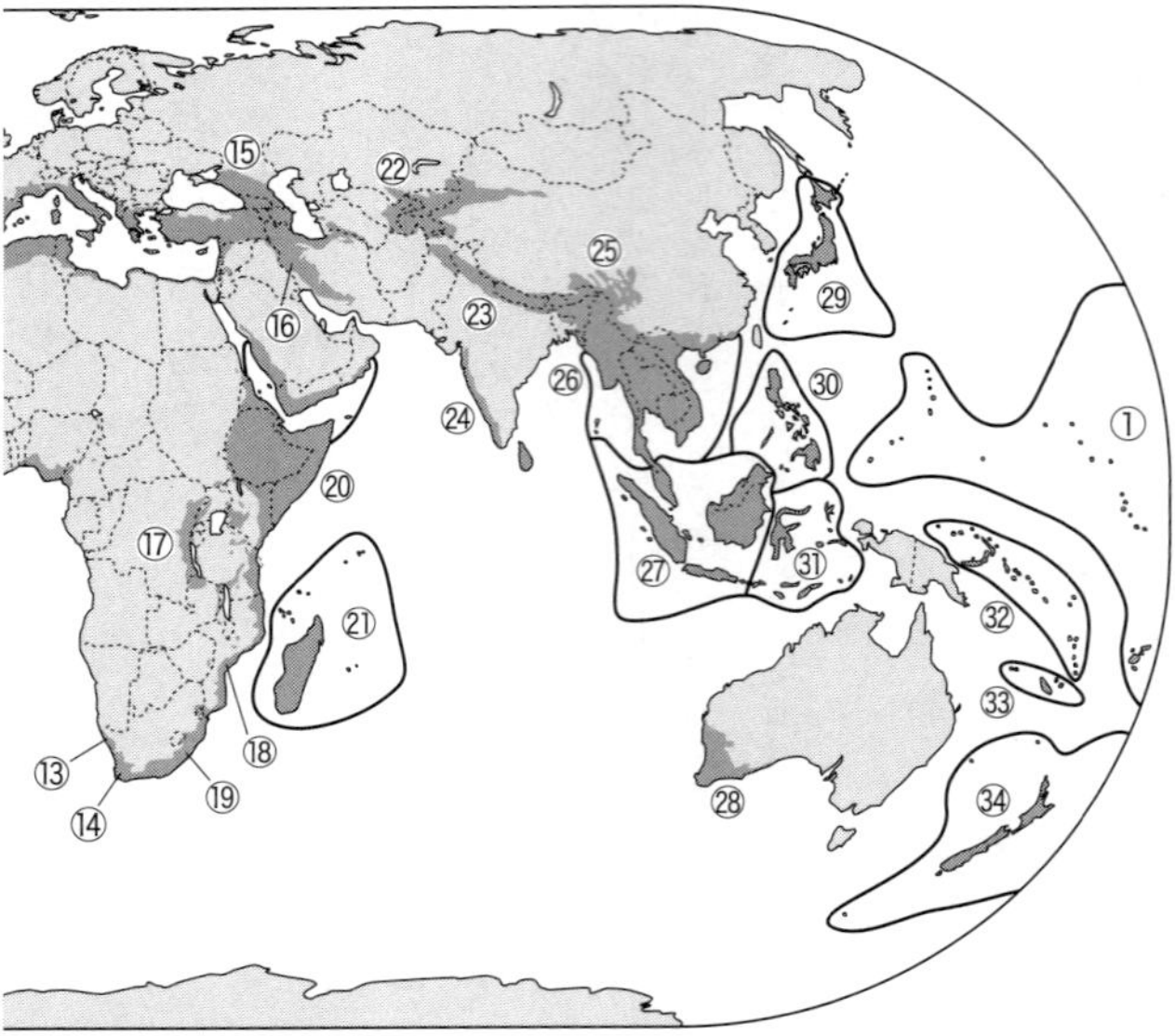

スポット（CI による）

マドレア高木森林　④ 中央アメリカ　⑤ トゥンベス・チョコ・マグ
地帯）⑧ カリブ海諸島　⑨ セラード　⑩ アトランティック・フォレ
⑬ カルー多肉植物地域　⑭ ケープ植物相地域　⑮ コーカサス
沿岸林　⑲ マピュタランド・ポンドランド・オーバニー（アフリカ南東
中央アジア山岳地帯　㉓ ヒマラヤ　㉔ インド西ガーツおよびスリラ
㉗ スンダランド　㉘ オーストラリア南西部　㉙ 日本　㉚ フィリピ
㉞ ニュージーランド

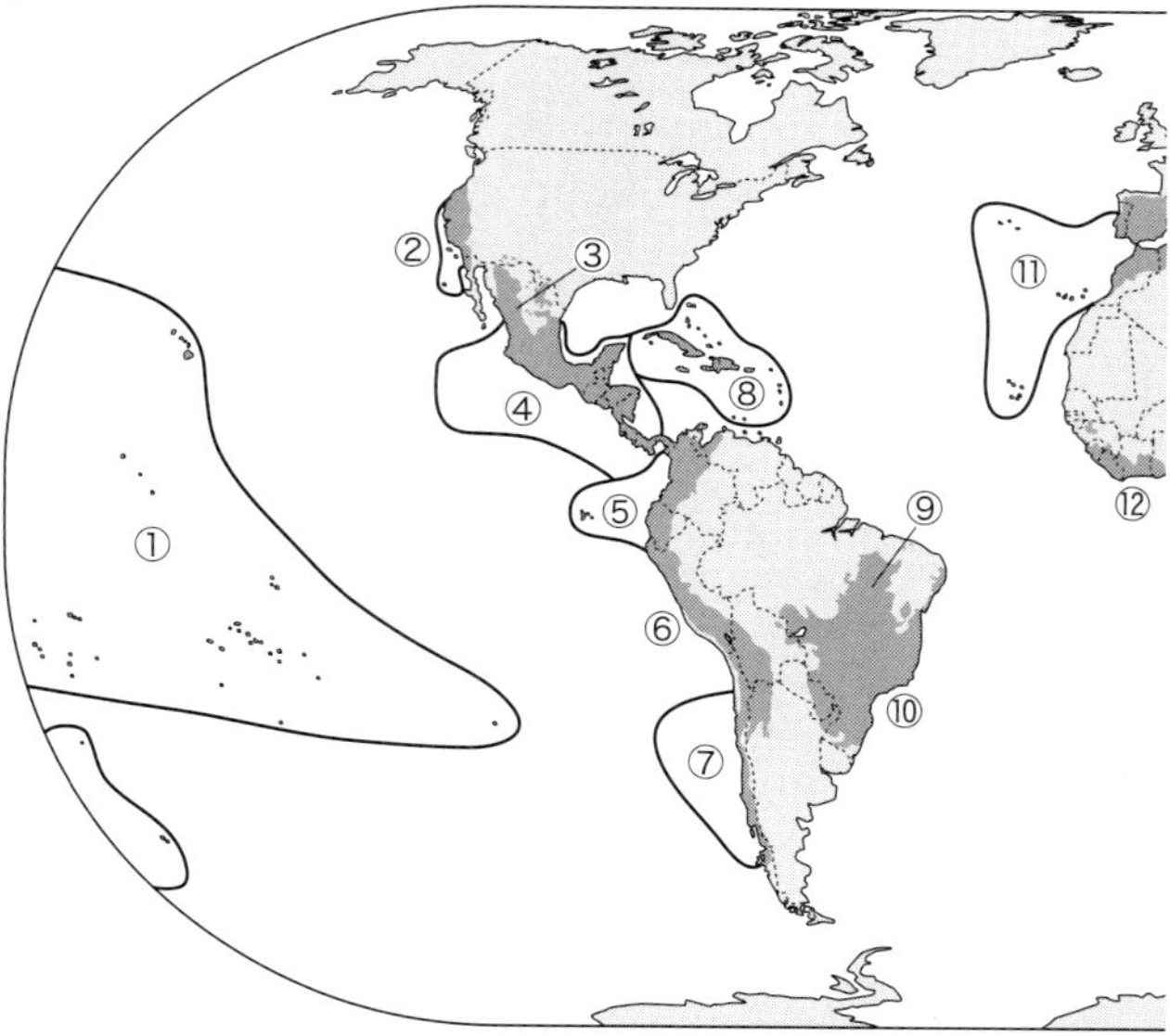

図 3-1　世界のホット

① ポリネシア・ミクロネシア　② カリフォルニア植物相地域　③
ダレナ　⑥ 熱帯アンデス　⑦ ヴァルディヴィア森林(チリ冬季降雨
スト(大西洋岸の森)　⑪ 地中海沿岸　⑫ 西アフリカ・ギニア森林
⑯ イラン・アナトリア高原　⑰ 東アフリカ山岳地帯　⑱ 東アフリカ
部沿岸)　⑳ アフリカの角　㉑ マダガスカルおよびインド洋諸島　㉒
ンカ　㉕ 中国南西山岳地帯　㉖ インド・ビルマ(インドシナ半島)
ン　㉛ ウォーレシア　㉜ 東メラネシア諸島　㉝ ニューカレドニア

種の偶蹄類(ウシの仲間)など、美しい固有の哺乳類も二〇種ほどが確認されている。だが、もともとあった自然の植生の九五%はすでに消失してしまっている。

「アフリカの角」のソマリアやエチオピア、エリトリアなどでも、過去に何度も内戦や地域紛争に見舞われた。ソマリアでは国家の機能がほとんど崩壊して、自然保護対策どころではなくなり、世界で最も破壊の危険度の高いホットスポットといわれるまでになってしまった。海外からの援助も行き渡らず、科学者の調査研究もほとんど進んでいない。

各地の発展途上国の環境問題を取材していて感じることは、さまざまな理由で進む環境破壊が、ただでさえ貧しい地域の人々の貧困を加速し、それがまた違法な森林の伐採や漁業資源の乱獲に拍車をかけるという悪循環の存在だ。

ここからしばらく、筆者の取材経験から、脅かされる世界の生物多様性の姿と、生物多様性の保全と地域の発展を両立させようとするさまざまな試みを紹介しよう。

2　開発と生物多様性——マダガスカル

ホットスポットの筆頭

うっそうと茂る熱帯雨林の朝の空気を切り裂くように、長く尾を引くサイレンのような鋭い声が突然響く。別の方角からそれに応える大きな声が重なる。声の主は絶滅の危機にある霊長類、インドリ。国立公園のガイドが指さす樹上に、体長七〇センチほど、白と黒の縫いぐるみのような姿のインドリがいた。縄張りを主張する彼らの声は、森の中を数キロ先までも届く(本章扉写真)。

二〇〇〇年に「ホットスポット中のホットスポット」の筆頭にランクされたのは、アフリカ大陸の東方、インド洋に浮かぶ島国、マダガスカルだ。世界で四番目に大きい、面積約五八万七千平方キロの島に、約二千万人が暮らしている。

インドリはマダガスカル固有の霊長類で、キツネザルの中では最大である。マダガスカル中部のアンダシベ国立公園は、インドリに残された数少ない安住の地である。

バオバブ

マダガスカルの生物多様性のユニークさは、その国土の成り立ちに起因する。マダガスカルはかつてアフリカ大陸や南米大陸、インド、オーストラリアなどと巨大大陸「ゴンドワナ」を形作っていた。ゴンドワナは一億六千万年前ごろに分裂し始め、インド亜大陸とアフリカ大陸の間に挟まれていた部分が八千万年前に分離して島になったのがマダガスカルと考えられている。

マダガスカルの生物はそれ以来独自の進化をし、ユニークな生物多様性を形作ってきた。サン＝テグジュペリの『星の王子さま』にも出てくる「とっくり」のような奇妙な形のバオバブの木はその象徴的な存在だ。世界に八種存在するバオバブのうち六種がマダガスカルに固有だという(写真)。

バオバブを含めてマダガスカルには一万一六〇〇種もの固有の植物が自生し、一千種超の固有の脊椎動物が生息している。特に興味深いのは、比較的原始的な霊長類とされるキツネザル

コビトキツネザル

ヘラヤモリ

で、亜種を含めると五〇種もの固有種が生息している。ネズミほどの大きさで体重が三〇グラムほどしかない世界最小のコビトキツネザル(写真)から、大きいと体長七〇センチ、体重八キログラムにもなるインドリまで、マダガスカルのキツネザルの多様性には目を見張るものがある。童謡で有名なアイアイも、キツネザルに近縁の固有種である。

また、マダガスカルは両生類や爬虫類の宝庫でもあり(写真)、両生類の九九%が固有種だとされている。

荒廃した伐採地

土壌劣化とニッケル開発

貴重な自然が多く残っていると思われがちだが、マダガスカルを車で走っていると、人間の開発の手が至るところに及んでいることに気づく。かつては森林だった山の多くが伐採されたまま放棄されて土砂が流出し、火星の表面を思わせる荒れ地が続いている場所も多い(写真)。

ここでは生物多様性の危機も大きい。もともとあった植生の九〇%がすでに失われ、手付かずの森林はわずか六万平方キロを残すまでになってしまった。水田開発の急拡大や大規模な焼き畑農業、過剰な家畜の放牧などが、生態系破壊の主因だ。
もともと栄養分の豊かな土壌が少ないマダガスカルでの過剰な放牧や農耕は、大規模な土壌の流出や劣化を招き、この国の土壌の状況は、世界的にみても最悪の部類に属するといわれるほどだ。

現在、アンダシベ国立公園のすぐ近くのアンバトビーでは、日本の住友商事などがカナダや韓国の企業と共同で大規模なニッケル開発を進めており、採掘のため全長二二〇キロにもなるパイプラインの建設工事が進んでいる。この開発は総額三八億ドルにも上る世界最大規模のプロジェクトで、マダガスカル政府も強く推進しているが、この事業に対する環境保護団体などの懸念は非常に大きい。地元の保護団体関係者は「パイプラインがラムサール条約の登録湿地の中を通るし、建設によって森林の分断が決定的になる」と指摘している。土砂の流出につながるので行わないとしていた雨期の工事が行われているし、森林再生計画の対象地域にはパイプラインを通さないとの約束も守られていないという。

これに対し、企業側は、十分な野生生物の生息調査などを行い、計画地周辺にすんでいた絶滅危惧種のキツネザル四〇頭を別の地域に移すなどの対策をとるなど、最善の環境保全対策を行っていることを強調する。「伐採するのはユーカリなどの二次林なので、環境への影響はない」という主張だ。

工事によって破壊されるものと「同等」の森林の再生を周辺で行う「生物多様性オフセット(相殺)」を実施したことも、セールスポイントの一つになっている。しかし、アンバトビーで企業側が講じたこれらの対策に対する保護サイドからの批判は根強い。場合によっては、事業に出資している日本企業の姿勢にも厳しい目が向けられることにもなりかねない情勢だ。

新たな政情不安

オオタケキツネザル

キツネザルをはじめとして、多くの動物の個体数が急減し、絶滅が危惧されている。現在、五〇を超える哺乳類の固有種、六〇近くの鳥の固有種で絶滅が心配されている。

国際霊長類学会や国際自然保護連合(IUCN)などが二〇一〇年二月に発表した「世界で最も危機的な状況に置かれた二五種の霊長類」のリスト中には、シルキーシファカなどマダガスカルの霊長類が五種含まれている。中にはオオタケキツネザル(写真)のように、個体数が一〇〇頭程度にまで減ってしまったものもいる。IUCNによると、絶滅の恐れがあるマダガスカルの脊椎動物の数は二七〇種近くにも上る。

マダガスカルでは一九九〇年代後半から徐々に生物多様性保全活動が進み、残されたわずかな森林の三〇％に当たる区域が国立公園などの形で保護されてきた。アンダシベ国立公園もその一つだ。一〇年以上前に軍の警察官の職を辞して故郷のこの地に戻り、ガイドとして働くラソロニリナ・レイモンドさんは「インドリなどの動物を目当てにアンダシベには年間三万人近くの観光客が訪れる。インドリがいなくなったら観光客も来なくなる」という。「彼らはわれわれの貴重な財産です。サルを殺して売るよりも、守って生かし続ける方が、はるかに地域にとっては大きな利益になる」と強調する。貴重な生物多様性と生態系を売り物にしたエコツーリズムはマダガスカルにとって大きな収入源となりつつあり、日本からの観光客も少なくない。

だが、この国の生物多様性保全対策は今、非常に厳しい状況に直面している。きっかけは、二〇〇九年三月、軍の支持を得た野党指導者ラジョエリナ氏が、当時のラベロマナナ大統領を退陣に追い込み、議会の機能を停止し、自らの大統領就任を宣言したことだった。両者の支持層は激しく対立、暴動にまで発展し一〇〇人以上が死亡した。アメリカなどの多くの国が「クーデターにも等しい」と、新政権の承認を拒否し、経済援助のほとんどを停止、政情不安が原因となって観光業も大きな打撃を受けた。

困窮した人々が目を向けたのは、残された森林などの「自然資本」だった。地元の環境保護団体によると、騒乱の直後から武装した暴徒が国立公園内に入り込み、多くのレンジャーが追い出された。公園では、中国市場などで高値で取引される高級木材の黒檀や紫檀などの違法伐採と密輸が急増したことが報告されている。同国政府もこれらの木材に収入源として目を付け、それまで禁止していた地域での森林伐採に関する規制を緩和する方針を示しており、環境保護団体から厳しい批判を浴びている。

これまで保護されていた希少な動物にも脅威が迫っている。二〇〇九年八月には、マダガスカル国内のレストランで、絶滅が懸念されているキツネザルが売られていたことが発覚し、袋に入れられた多数の死骸のショッキングな写真が関係者の注目を集めた(写真)。

マダガスカルのレストランで売られていたキツネザル(© Fanamby/photo by Joel Narivony)

このように野生生物を食用にすることは「ブッシュミート(森の肉)」と呼ばれ、アフリカ大陸などでも生物多様性保全上の大きな問題になっている。森林伐採のために多くの人が外部から侵入するようになったことで急増する一方で、都市部の高所得者層に向けたビジネスともなり、絶滅が危惧される動物までが大量に消費されるようになった。マダガスカルのレストランで売られていたキツネザルもこの一種だといえる。

ホットスポットの提唱者の一人であるミッターマイヤーは「ホットスポット中のホットスポットであるマダガスカルの生物多様性を守れずに、ほかの場所で守れるはずがない。人類の取り組みがこの国で問われている」と指摘している。

二〇〇九年末、乱立する政党の指導者とラジョエリナ氏との間の連立政権協議が不調に終わり、マダガスカルの政情不安に終わりは見えない。長い間にわたって積み上げられてきた生物多様性保全の取り組みは崩壊の瀬戸際にある。

3　南回帰線のサンゴ礁——ニューカレドニア

ゴンドワナ植物

オーストラリアの東方約一二〇〇キロ、南太平洋の大小の島からなるフランス領ニューカレドニアも、ホットスポットの一つである。面積一万六千平方キロあまりと最も大きい本島とその周囲に小さな島が散在しており、海には大規模なサンゴ礁、ニューカレドニア・バリアリーフが存在する。二〇〇八年、フランス政府の推薦に基づいて、このバリアリーフは世界自然遺産に登録された。

ニューカレドニアが生物多様性のホットスポットとなっている理由は、マダガスカルとよく似ている。南太平洋に浮かぶ島の多くが火山島であるのに対し、ニューカレドニアは、マダガスカルと同様、古代の巨大大陸、ゴンドワナに由来する。今から八五〇〇万年前にオーストラリアから一つの塊が分裂し、これが五五〇〇万年前ごろにさらに二つに分かれて、ニュージーランドとニューカレドニアになったと考えられている。

この島に生息する生物の多くが、ゴンドワナ大陸の生物に起源を持つ非常に古い特徴を残しており、「生きた化石」ともいわれる。ニューカレドニアの森を歩いていると、他の地域では決して見ることのできない奇妙な形をした植物をいたるところで目にすることができる。

南回帰線にまたがるニューカレドニアは雨が多く、多くの地域に熱帯雨林が発達している。その一方で、本島中央部を走る山岳地帯の西側は雨が比較的少なく、特徴的な低木林が発達している。雨が少なく、土壌中の重金属などの濃度が高い場所でしか生息できないような種類の木々で構成される「鉱山林(maquis minier)」と呼ばれるこの林は、ニューカレドニアの特徴的な光景だ。固有の植物種の多くは多雨地帯に見られるが、固有種の割合は低木林で九〇%前後と特に高い。

ニューカレドニアに自生している約三二七〇種の植物のうち、七四％に当たる二四三二種が固有種とされている。植物の固有度は、「種」の上の分類レベルである「属」のさらに上の「科」のレベルで見ても、ほかの地域には見られないものが五科も存在するという。筆者を案内してくれた植物学者は「ニューカレドニアでは、恐竜が生きていた時代の森を今でも体験することができる」と話していた。

森の中に突き立てた三角錐のようにひときわ高くそびえるのがナンヨウスギ（アロカリア）の一種である。ゴンドワナ大陸起源の古いタイプの樹木の典型だ。オーストラリアなどに一九種

ニューカレドニア固有の植物

飛べない鳥，カグー

が知られているが、この島には一三種の固有種が自生している(写真)。アロカリアの仲間以外にも、ニューカレドニア固有の植物が多いのだが、材木や香料目当てに伐採され、絶滅が懸念される植物も少なくない。

鳥類は、一〇五種のうち二三種が固有種である。最も有名なのは、カグーというニワトリより少し小さいくらいの青灰色の美しい羽を持った飛べない鳥だ(写真)。ツル目カグー科に分類されるが、カグー科に属する鳥は現在このカグー一種だけで、近縁の鳥もほとんどいない。コウモリ以外の哺乳類がいなかったこの島に人間が持ち込んだ犬などによって捕食され、生息地の森林も鉱山開発などで破壊され、個体数が一時は数百羽にまで減ってしまって絶滅が心配されている。人工的な繁殖などによって現在の生息数は八五〇羽程度にまで増えたとされるが、依然として厳しい生息状況に置かれている。

このほか、ニューカレドニアには、体長が五〇センチを超え、ハトの中では最大といわれるオオミカドバトや、ウベアインコなどほかでは見られない鳥が生息している。クイナの仲間とインコの仲間各一種は過去一〇〇年以上の間、目撃例がなく、絶滅してしまった可能性が高いとみられている。

鉱山開発の後に放棄され，荒廃した土地

ニッケル鉱山が脅かす多様性

「天国にいちばん近い島」（森村桂）と呼ばれたこともあるニューカレドニアを車や飛行機から見ると、「豊かな自然が残る南太平洋のリゾート」というイメージからははるかに遠い光景に頻繁に出くわす。

本島には、世界最大のニッケル鉱床をはじめとする豊かな鉱物資源が存在し、第二次世界大戦前から長きにわたって盛んに採掘が行われてきた。採掘が終わった後も、復元されることなく、放棄された赤茶けた鉱山の跡地がどこまでも広がる様は、探査機が撮影した火星の表面を思わせる（写真）。

比較的薄く、広い範囲に広がるのがこの島のニッケル鉱床の特徴で、島内各地に露天掘りのニッケル鉱山が散在している。近年、多くの鉱山会社は、採掘終了後に跡地の復元事業を行うことが多いのだが、ニューカレドニアでは開発規制や環境政策は不十分で、多くの鉱山の跡地が復元もされずに放置されてきた。一万九千平方キロ弱におよぶニューカレドニアの陸地にもともとあった森林のかなりの部分が破壊され、現在は五千平方キロあまりを残すだけになってしまった。

日本企業も出資する大規模な鉱山開発事業が生物多様性に悪影響を与えることが懸念されている点も、マダガスカルと共通している。それは、本島の南端のゴロ地区で、二〇〇二年にカナダの企業を中心に始まった世界最大規模のニッケル採掘事業だ。事業計画の期間は三〇年間、三二億ドルという規模で、二〇〇四年には住友金属鉱山と三井物産などが出資を決定、現在は二一％が日本からの出資となっている。事業の予定地周辺には貴重な植物が自生する地域が多く、鉱山からの廃水が流されるパイプラインの出口は、世界遺産のサンゴ礁周辺の海洋保護区に近い。そのため事業の悪影響を懸念する声が内外の環境保護団体などから上がった。漁業など生活の基盤を脅かされるとして、先住民の反対運動も起こり、デモや事業地に向かう道路を封鎖するなど激しい運動が繰り広げられ、訴訟に発展するなど、地域社会を巻き込んで大きな論争を呼んだ。二〇〇八年には反対運動をしていた先住民の組織と事業者側の間で協定が結ばれて反対運動は終息に向かったが、試験操業が始まった早々の二〇〇九年四月に、ニッケル鉱の精錬に使う硫酸が周囲に流出する事故が発生し、環境への影響があらためて注目される事態となっている。

日本の環境保護団体などの調査では、先住民の中には依然として環境や暮らしに与える影響への懸念を口にする人は少なくない。ニューカレドニアの植物学者は事業地周辺で植物の調査を行って政府に公開質問状を提出したりしているのだが、これらの声が政府や事業者によって省みられることはほとんどなかった。

ニューカレドニアと日本人

鉱山開発と環境の問題に詳しいジャーナリストの谷口正次さんによると、この地域の鉱床は地表から一〇〜二〇メートルの深さに広く浅く分布するため、採掘するには広範囲にわたる自然破壊を余儀なくされる。谷口さんはゴロについて「貴重な生物多様性に与える影響を考えれば、そもそも資源開発を行うような場所ではなかった」とまでいう。

ニューカレドニアは、日本のニッケルの大きな輸入先の一つであるので、ゴロで採掘されたニッケルの多くが日本人によって消費されることになる。事業の進展がホットスポットの生物多様性に悪影響を与え、固有の植物を絶滅させるようなことになれば、日本企業の姿勢や日本人の暮らしも厳しく問われるであろう。

何度か現地調査をした国際環境NGO、FoE(地球の友)ジャパンの清水規子さんは「建材や家電製品などに使われるニッケルの消費量は、日本は世界第二位。日本人の日々の暮らしが、海外の生物多様性を脅かしかねないという現実を忘れてはいけない」と指摘している。

世界最大のニッケル鉱床に支えられ、ニューカレドニアに住む二三万人の人々、特にヌーメアなど都市部の人々の生活レベルは比較的高い。一方で、一部のリゾート施設を除いては、この島を訪れる観光客の数は増えてはいない。「観光業なんて貧乏人の産業さ。その辺を掘れば簡単に高品位のニッケルが出て、収入が得られるのに、だれが海外からの観光客におじぎをして金をもらおうと思うだろうか。観光は、資源に恵まれない（隣国の）フィジーあたりに任せておけばいいんだ」——。ヌーメアの中心部に近い精錬施設で、その煙突からもくもくと上がる煙を見ながら、ある鉱山業の関係者は筆者にこう語った。

短期的に大きな収入が得られる時に、生態系サービスに目を向け、持続可能な利用を進めることがいかに困難かをニューカレドニアは教えてくれる。

4　農地化が脅かす生物多様性——ブラジルのセラード

南米最大の多様性を養う

農作物はまさしく生物多様性の産物である。人類は、自然界にあった野生植物を長い時間をかけて改良し、収量が多く、栄養価が高く、食べておいしい栽培種を作り出してきた。今後も病虫害や環境の変動に強い農作物を開発する上で、生物多様性を保全することが非常に重要である。

だが、この地球上には、農地開発のために貴重な生物多様性が脅かされている場所が少なくない。その典型を、ブラジル中央部に広がる広大な高地の平原セラードに見ることができる。

「セラード」とはポルトガル語で「閉ざされたもの」という意味で、未開の地のイメージである。植生は、アフリカの熱帯サバンナ地帯によく似た低木林や草原が中心だが、一部、地下水位の高い場所や河川の周辺では、かなり高い木が茂っている場所もある(写真)。

セラード

セラードは、ブラジルの国土の二〇%を占めるといわれている。もともとの面積は二〇〇万平方キロと、日本列島五つ分より大きい広大な生態系だ。

セラードの生物多様性研究は長い間、手付かずにきたが、最近、実はきわめて生物多様性の豊かな地域であることがわかってきた。ブラジル全体の生物種の三〇%がこの地域に生息しているとのデータもある。ライオンやキリンなどが生息しているアフリカのサバンナと比べると地味であるが、オオアリクイやオオアルマジロのような哺乳類も生息している。

植物の多様性も非常に高く、自生する約一万種の植物のうち、四四〇〇種が他の地域では見られないセラード固有の種だとされている。この地に暮らす人々は古くから、燃料や照明用の油として、胃腸や肝臓などの薬として、また繊維の表面を丈夫にするための塗料の原料として、植物を利用してきた。

世界第二の穀倉地帯

雨が少なく土壌もやせているセラードは長い間、農耕には適さない不毛の地と見られてきた。雨期と乾期の差が非常にはっきりしていて、雨期には大量の雨が降るので、耕作地をつくってもすぐに表土が流出してしまう。また土壌の多くは赤茶けて、酸性度が非常に強く、作物を育てるのには適さない。

この状況を一変させたのが、一九七〇年代から始まったブラジル政府による土地改良事業である。一九七九年からは、多額の政府開発援助（ＯＤＡ）予算を投じて日本の技術援助と資金援助が行われた。二〇〇一年三月までに投じられた日本の援助額は六〇〇億円に達し、事業面積は三三万ヘクタールを超える、日本の国際農業開発援助史上、最大のプロジェクトとなった。

石灰を使った土壌改良や、土壌を耕さずに機械を使って種を植え付ける不耕起農法の開発、大規模な灌漑設備と散水設備などの導入によって、不毛の地は、今ではブラジル最大、世界第二の巨大な穀倉地帯に変貌を遂げた。この地で生産される大豆やトウモロコシはブラジルの大きな外貨収入源となり、現在、セラードはブラジルの穀物生産の三五%、特に大豆については六〇%近くを担っている。飼育される牛の数も急増し、現在では年間の飼育頭数は四千万頭に上り、農業も牧畜業もともに、今後とも継続的な成長が予想されている(写真)。近年では、バイオ燃料向けのサトウキビ生産の可能性がある地域としても注目を集め始めた。

日本がセラードの農業開発にこれほどまでに大きな資金と努力を投じたのは、一九七三年のアメリカによる大豆の輸出禁止政策に端を発した世界的な食料不安に対応するためであった。アメリカ以外に新たな穀倉地帯を開発するという日本とブラジル政府の思惑は実現し、世界の食料供給の安定に果たした功績

農地開発が進む

は大きいが、半面失われたものも大きかった。

失われたもの

セラードでは、鳥類の多様性も高い。一七種の固有の鳥が知られているが、アオメヒメバトという小型の鳥は、自然破壊によって孤立した三つの小さなエリアに生息するだけとなり、絶

滅の懸念が高まっている。ダチョウに似た飛べない鳥で、大きなものでは体高一・五メートルほどにもなるアメリカレアも絶滅が危惧されている(写真)。

セラードがホットスポットに指定されている理由は、ユニークな生物多様性の存在とともに、その破壊が急速に進んでいるからにほかならない。現在、セラード固有の植生が残っている地域は四四万平方キロ弱と、もともとの面積の四分の一以下にまで減少した。いまだに急激な破壊に歯止めがかかっておらず、年間二万平方キロ以上というすさまじいペースで失われている。この速度はアマゾンの熱帯雨林破壊の二倍にあたる。セラードは今、世界のホットスポットの中で、最も急速な破壊が進んでいる地域の一つに挙げられている。

レア

乾期の乾燥が激しいこともあって、地上部が比較的小さく、地下の根などがよく発達しているのがセラードの植物の特徴だ。セラードの生物量(バイオマス)の七〇%は地下に存在するとされ、セラードの生態系の破壊によって、地下に蓄えられていた大量の炭素が二酸化炭素として大気中に放出され、地球温暖化を加速させることへの懸念も高まっている。

アマゾンなどに比べて国際的な注目度も低く、生物多様性の研究も進んでいないこともあって、保全策には遅れが目立つ。エマス国立公園とヴェアデイロス平原国立公園とが「セラード保護地域群」として世界自然遺産に登録されているが、このようにきちんとした保全対策が整えられている地域の面積は、わずか二万九千平方キロしかない。

脚のない新種のトカゲ

二〇〇八年に取材でヴェアデイロス平原国立公園を歩いた。首都ブラジリアから車で北に二〇〇キロあまり。セラードには、牧草地や大豆などの農地だけが道の両側に続く単調な風景が果てしなく広がっていた。巨大なサイロが林立する農場や私用のダムを持つ大規模な農場もある。セラードの土壌はやせていて、栄養分が多い土は地上近くのほんの少しのところにしかない。元来の植生が破壊され、過剰な放牧や農耕によって一度土壌が劣化すると、復元は非常に難しい。道の両側のいたるところに、むき出しになって赤茶けた放棄地が広がり、雨期の雨によって削られて、流出している光景がみられる。

コンサベーション・インターナショナル(CI)でセラードの生物多様性保全に取り組む生物学者のクリスチアーノ・ノグエイラさんは、「少し前まで、自然の草原だった場所が、次に来たら一面の大豆畑になっている。ここではこんなことばかり。開発が始まる前はほとんどの地域に自然の植生が残っていたのだから、これほど消失が急速に進んでいる場所は他にはない」

という。

ブラジルの森林開発に関する規定によると、セラードの開発に際しては森林の二五%を手付かずのまま残すことになっているが、政府の監視の目は行き届かず、規定が順守されるケースは少ない。国立公園を拡大し、周囲の保護地域と「回廊」でつなぐ計画が、日本の研究者も参加して数年前に立てられたが、農業者らの反対で実施には至っていない。

新種の脚のないトカゲ(コンサベーション・インターナショナル提供)

二〇〇八年の四月、ノグエイラさんらはセラードで小型のキツツキの仲間や脚のないトカゲなど新種とみられる生物を一四種も発見し、注目を集めた。ヘビそっくりだが、分類上はトカゲの仲間であるこの生物は、乾燥が激しい砂地を移動するのに適した体形に進化したものらしい(写真)。

「セラードの生物多様性は、アフリカのサバンナなどに比べれば地味かもしれないが、非常に豊かで、古くから人々の暮らしに貢献してきた。セラードにはまだまだ人間が知らない生物も多いはず。それが、今この瞬間にも、人知れず永遠に姿を消しているかもしれない」とノグエイラさんは話す。

残されたセラードの生態系のうち、どこを優先して保護すべきかを明らかにし、急速に進む破壊に歯止めをかけない限り、ノグエイラさんの懸念は現実のものとなるだろう。セラードの生物多様性研究も持続可能な土地利用の実現に向けた議論も、進展ははかばかしいものとはいえない。セラード開発に多大な貢献をした日本として、次に必要なことは、ブラジルの人々がセラードの持続可能な利用を実現する手助けをすることである。

5　大河が支えた生物多様性——インドシナ半島

大型哺乳類の新発見

「昔は川でたくさん捕れる魚でスープを作っていたけど、もう魚はすっかり捕れなくなった。今日のおかずはこれだけ」——。カンボジアの首都、プノンペンの北東六〇〇キロ弱、ベトナム国境に近い小さな村を訪ねた時のことだ。狭い台所と寝床だけの薄暗い高床式の小屋で、カンボジアの少数民族プラウの女性、レイ・ダンさんは、金属製のパイプをくゆらしながら話してくれた。メコン川の支流、セサン川のほとりに暮らし、七〇年以上になる。ダンさんが見せてくれた鍋の底には、干からびたような小さなカエルが二匹入っているだけだった。インドシナ半島の大河、メコン川流域では、生物多様性の喪失が続き、長い間それに依存して暮らしてきた多くの人の暮らしを脅かしている。

中国最南部の雲南省、インド東部、そしてタイ、カンボジア、ベトナム、ミャンマー、ラオスなどインドシナ半島一帯の二三七万平方キロあまりが、「インド・ビルマ」と呼ばれるホットスポットである。雲南省の高地林から、半島の熱帯林、沿岸のマングローブ林や低湿地まで、植生は多様だ。この地域の植物は約一万三五〇〇種で、その半数以上の約七千種がこの地に固有である。特に野生のランは固有のものが多い。

一九九七年、ベトナム中央部に生息している霊長類が新種であることが確認され、トンキンシシバナザルと名付けられた(写真)。過去一五年ほどの間に、シカの仲間など、新種の哺乳類が六種も発見されている。まだまだ人間が知らない生物が生息しているはずだ。

絶滅が心配されているトンキンシシバナザル(コンサベーション・インターナショナル提供)

一九九三年に発見されたサオラは、美しい角のあるウシ科の動物で、ウシ科の中で最も原始的な形を残している。地元の人には知られていたが、体高が一メートル近く、体重一〇〇キロ近くにもなる大型の哺乳類が、つい最近まで科学者に知られていなかったのだから驚きである。

この地域の森林は伐採されて商用樹種のプランテーションに姿を変え、沿岸の湿地は次々と水田に姿を変えてきた。また、ここは世界のエビ養殖の中心地の一つでもあり、沿岸のマングローブ林は伐採され、エビの養殖池にされてきた。いずれも中国や東南アジア諸国の近年の急速な経済発展と、日本など先進国の天然資源に対する巨大な需要が背景になっている。

トラ年の二〇一〇年、世界自然保護基金(WWF)はこの地域を流れるメコン川流域にすむトラの個体数が、一九九八年の約一二〇〇頭から七割以上も激減し、現在は約三五〇頭になったとの調査報告書を発表し、「保護対策が強化されなければ、次のトラ年の二〇二二年にはトラがいなくなってしまう恐れがある」と警告した。コンサベーション・インターナショナル(CI)によると、現在、このホットスポット内に残る手付かずの植生は、もともとあった面積のわずか五%でしかないという。

このホットスポットには、カエルなどの両生類約一五〇種、カメなどの爬虫類約二〇〇種の固有種が存在し、両生類の固有種比率は五四%にもなる。だが、これらの多くがペットや観賞用、食用や伝統的な医薬品などの原料として乱獲され、多くが絶滅の危機に瀕している。この地域の爬虫類は日本でもペットとして人気があり、驚くような高値で取引されているものも多いので、日本もさまざまな形でこの地域の生物多様性の喪失の原因を作っているということになる。

多様性の宝庫

このホットスポットを特徴づけるのは、アジアの大河、メコン川とその流域の生物多様性である。中国チベット高原に源流を発し、同国雲南省から、ミャンマー・ラオス国境、タイ・ラオス国境、カンボジアを通じて、ベトナムを横断、南シナ海に注ぐメコン川は全長四三五〇キロの大河で、数多くの支流を含めた流域の面積は八〇万平方キロ近くにもなる。このホットスポットの中心は、メコン川の流域ということになる。

メコン川は、カンボジア国内で東南アジア最大の湖、トンレサップ湖につながる。ここには、ほかの地域には見られないユニークな淡水の生態系が形作られてきた。雨期にはメコン川からトンレサップ湖に大量の水が流れ、湖の面積は琵琶湖の一〇倍ほどに広がる。乾期の湖は、雨期の三〇％程度まで小さくなってしまう。メコン川もトンレサップ湖も、雨期と乾期で水位の変動が激しい。

周辺に住む人々は、この自然を巧みに利用し、農業や漁業で生活してきた。トンレサップ湖には多数の水上生活者が、大小さまざまな船を浮かべて生活しており、水上の畑や学校、商店、レストラン、船のための給油施設など、すべての物が湖上に浮かんだ船の上にある。多くの人

トンレサップ湖の水上生活者

メコン川の先住民

は、トンレサップ湖の豊かな魚を捕ることで日々の糧を得てきた(写真)。

だが近ごろでは、小さな手こぎ船で一日の漁を終えて戻ってくる人々の表情はどれもさえない。「朝から漁に出て、これだけだもの」という女性の船には直径六〇センチほどの桶が三つ。入っているのはみな、体長五センチ足らずの小さな魚ばかりだ。「昔は大きなナマズなんかがたくさん捕れて、それを売って暮らしていたけど、今では大きな魚はめっきり減ってしまった」という。ここ数年、この流域では漁獲量の急減が指摘されており、メコン川とトンレサップ湖の生態系サービスは、劣化の一途をたどっている。

国際研究機関、ワールドフィッシュセンター(WFC)によると、トンレサップ湖で確認される淡水魚の種類は約三〇〇種。生物多様性の豊かさは、アフリカのマラウイ湖、タンガニーカ湖に次ぐという。湖とつながるメコン川は、わかっているだけで約一二〇〇種もの淡水魚類が生息する生物多様性の宝庫だ。このおかげでメコン川とトンレサップ湖周辺は世界最大の内水面漁業の場となっている。この流域での漁獲量は世界の内水面漁業の二五％を占め、メコン川流域に住む人々の動物性タンパク質の八〇％を供給している。年間の漁業による収入は二五億ドルに上るといわれるから、この川と湖の生態系サービスがいかに大きなものかがわかる。

高まる絶滅の危機

メコン川には多くの貴重な生物が暮らしている。もともと沿岸の海にすむイルカ、イラワジイルカ(カワゴンドウ)もその一つだ。近年、メコン川のイラワジイルカの個体数の減少が著しい。漁網への混獲や漁船との衝突、水質汚染や生息地の破壊などが原因とみられている。WWFによると、個体数はわずか六四〜七六頭と推定され、ＩＵＣＮも「絶滅の恐れがきわめて高い種」に指定している。

このイラワジイルカの生まれたばかりの子イルカが病気で死ぬケースが目立っている。WWFによると、二〇〇三年以降これまでに死んだことが確認されているイルカの数は八八頭、うち五八頭が生後二週間未満の子どもだった。二〇〇四〜〇六年に回収された二一頭の死体について、体内の有害化学物質の濃度を分析したところ、皮下脂肪には比較的高濃度のＤＤＴやポリ塩化ビフェニル（ＰＣＢ）が蓄積しており、肝臓中では水銀の濃度が高かった。遺伝子の分析によって、近親交配が進み、遺伝的多様性が失われていることも明らかになった。

豊かなメコン川は、巨大動物の宝庫でもある。だが、シャムワニは乱獲で絶滅寸前にまで追い込まれ、体長三メートルにもなる世界最大級の淡水魚、メコンオオナマズも野生の個体はほとんど見ることができなくなるまでに数が減り、イラワジイルカと同様に、絶滅の恐れがきわめて高いとされている。このほか、体重六〇〇キロ、体長五メートルにもなる巨大な淡水エイや、パーカーホと呼ばれる巨大なコイ、全長が一メートルを超える、トキの仲間では最大のオニトキなどの生物のほとんどが、今や絶滅の危機に瀕している。

ダム建設

メコン川の生態系にとっての最大の脅威は、支流を含めて多くの場所で進むダムの建設だ。本節の冒頭で紹介したセサン川流域の村の暮らしを大きく変えたのも、川の上流、ベトナム側に建設されたダムの影響が大きいとみられる。

住民は「ダムができてからしばらくして、魚が全然捕れなくなった」「川の水位が昔と全く違った変化をするようになり、漁業もだめになったし、水位が急に上がって洪水が起こるようになった。以前はなかったような水位の急上昇で死んでしまった人もいる」と口々に訴える。頻発する洪水で多くの家や家畜が流され、七年前、多くの人々が、村ごと丘の上への移住を迫られた。

メコン川の開発問題に取り組む日本のＮＧＯ、メコン・ウォッチは「ダムは、電力需要のピーク時に発電される仕組みになっているため、下流に波状的に放水する。この水の流れが、セサン川の生態系や、栄養分の濃度を大幅に変化させ、広大な範囲で畑・水田が被害を受け、水質が悪化したり、漁業にも害を及ぼしている。カンボジア側のセサン川沿岸に住む人々の生活が脅かされているのだが、これらの被害に対する補償は十分になされていない」と指摘している。環境影響評価もベトナム側では行われたが、カンボジア側ではほとんど行われていないという。

カンボジアの環境保護団体などによると、中国国内ではメコン川の本流にすでに三つのダムが完成し、さらに二つが建設中。ラオスからカンボジアにかけても、少なくとも八つのダムの建設計画がある。中でもカンボジア国境に近いラオス国内のドンサホンダムは「魚の回遊路が集中する場所に建設される最悪のダムだ」「魚の回遊が妨げられれば、河川の生物多様性にも、その漁獲で生計を立てている多くの流域の住民の暮らしにも計り知れない影響を与える。イラワジイルカの絶滅を加速する可能性もある」と科学者グループが指摘するダムである。

これらのダム建設が、メコン川やトンレサップ湖の生物多様性に与える影響の調査や研究はほとんど進んでいない。日本の国立環境研究所などのグループは二〇〇九年から、カンボジアの大学や研究機関と共同で、流域の淡水魚の調査と計画中のダムが生態系に与える影響の研究に乗り出した。流域での開発計画が急速に進む中、時間との競争である。

メコン川の伐採地

移住によって新たに建設された村の周囲では、農地開発のために伐採され、火が付けられた森林があちこちに見られる（写真）。川の生態系サービスが失われ、漁業の断念を迫られた人々は、カシューナッツなどの商品作物を育てるため、森を切り開く。ＷＦＣで流域の漁業と社会の研究をしている蔵由美子さんは「漁獲量の減少が森林伐採を加速する破壊の連鎖が進んでいる」と指摘する。

環境破壊によって生態系サービスが劣化し、その影響を受けた人々の行動のために環境破壊が進み、さらに自然の恵みが少なくなるという、貧困と環境破壊の悪循環を断ち切ることは容易なことではない。

6　日本人が知らない日本

ホットスポット日本

各国を取材して歩いていて気付くのだが、外部の研究者などから見れば貴重な生態系が存在していても、その場に生活している人は、自らを取り巻く生物多様性の重要性にはなかなか気付かない。世界三四カ所の生物多様性のホットスポットの一つ、日本についても同じことがいえるかもしれない。

二〇〇五年に日本が新たにホットスポットに加えられた理由の一つは、植物の多様性の高さである。コンサベーション・インターナショナル（ＣＩ）によると、日本に自生する植物種約五六〇〇種のうちの三分の一を超える一九五〇種が固有種である。その中にいかに絶滅危惧種が多いかは、第2章で紹介した。だが、ＣＩによると、日本に残された原生の植生はもともとあったものの二〇％でしかない。

日本に生息する哺乳類は九四種とそれほど多くはないが、ほぼ半分に当たる四六種が固有種である。この中で、アマミノクロウサギや、奄美大島、徳之島と沖縄本島北部だけに生息する小型の齧歯類、ケナガネズミなどは国際的に知られている。トキの野生復帰で大きな注目を集めている新潟県の佐渡島には、サドモグラとサドトガリネズミという二種の固有の哺乳類が生息しており、いずれも絶滅の恐れが高いとされている。

ホットスポット日本のもう一つの特徴は、両生類の多様性である。CIによると、日本にいる両生類五〇種のうち、八八％に当たる四四種が日本に固有で、その多くが絶滅の危機に瀕している。

沖縄県にしかいないホルストガエルやリュウキュウアカガエル、イシカワガエルなどのカエルの仲間と並んで、各地で独特の進化を遂げたサンショウウオの仲間が多く生息している。兵庫県や京都府などのごく限られた場所にしかいないアベサンショウウオ、島根県の隠岐島にだけしかいないオキサンショウウオ、大分県のオオイタサンショウウオなどが知られている。アベサンショウウオとオキサンショウウオは、IUCNによって「絶滅の恐れがきわめて高い種」とされている。

淡水生態系の主

これらのサンショウウオはいずれも体長が一〇センチ程度の目立たないサンショウウオだが、特別天然記念物に指定されているオオサンショウウオ(写真)は、体長が一・五メートルを超えることもある。中国にすむ近縁のチュウゴクオオサンショウウオと並ぶ、世界最大の両生類である。三千万年前からほとんど姿が変わっておらず、「生きる化石」ともいわれる。似た形態の化石はヨーロッパでも見つかっていて、かつては世界各地に生息していたらしいが、今では日本、中国とアメリカに三種が生息するだけとなっている。

トキと同様に、日本を代表する動物として世界にオオサンショウウオを紹介したのはシーボルトであると言われている。シーボルトが故郷のオランダに持ち帰ったオオサンショウウオは、そこで三〇年以上、生き続けたという。世界の両生類研究者からも注目され、海外の水族館などでも人気の種であることは日本では意外と知られていない。ＩＵＣＮの両生類の専門家、クロード・ガスコン博士によると、「淡水生態系の頂上に位置する生物で、日本の豊かな生物多様性を象徴する種」である。

詳しい調査は行われていないが、おおまかな推定では個体数は日本全体で一万〜二万匹と考えられている。チュウゴクオオサンショウウオが食用として乱獲され、過去三〇年ほどの間に個体数が激減し、絶滅の恐れがきわめて高いのに対し、まだこれほど多くのオオサンショウウオが残っていることは、日本の淡水の生態系の豊かさの現れだといえる。

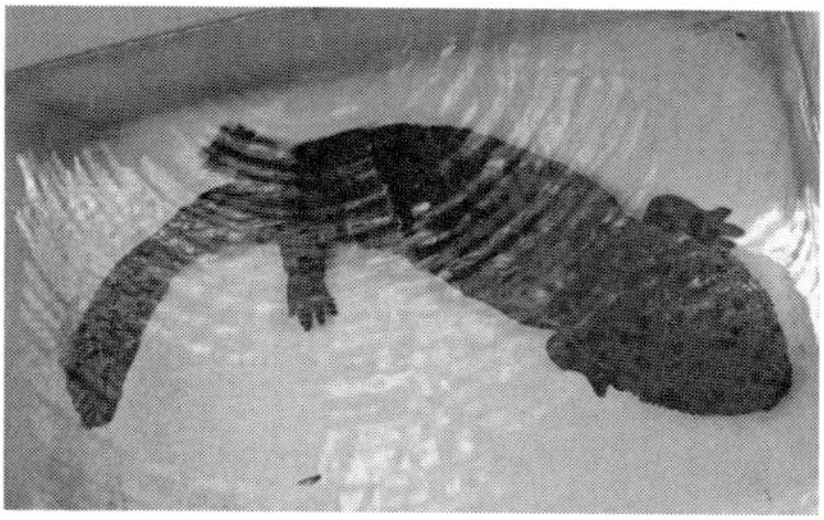

オオサンショウウオ

オオサンショウウオは、日中は川の中に自然にできた穴や自ら作った巣穴に身を潜めて暮らし、夜になると巣穴を出て餌を食べて暮らす。活発に動き回ることはあまりなく、巣穴から頭を出し、目の前に餌になる生きものがやってくるのをひたすら待っていることも少なくない。ただ、視界に入った餌に大きな口を開いてかみつく時は、日常の姿からは想像できないほど素早く、力強い。

八月、繁殖期を迎えた雄は、川の上流に上って繁殖用の巣穴を掘り、雌がやってくるのを待つ。興味深いのは、自らの巣穴に別の雄が入り込んで雌と交尾するのを許すことで、「雌に浮気を許す鷹揚な生きものだ」という研究者もいる。繁殖用の巣穴の持ち主は、雌が産んだ卵がふ化し、成長して出てゆく翌年の一～二月まで、一匹で卵を守って過ごす。オオサンショウウオの生存には、上流から中・下流までの比較的広い範囲の河川環境が重要だ。

日本の河川の多くが「改修」の名の下に直線化され、三面がコンクリート張りにされ、砂防や水利、防災などさまざまな理由で多数のダムが建設されている。これらによってオオサンショウウオが生息できる河川環境が急速に失われていることは、ＩＵＣＮも指摘している。

広島市の安佐動物公園のグループは、早くからオオサンショウウオの研究と保護に取り組み、一九七九年には世界で初めて人工繁殖に成功した。三〇年以上もオオサンショウウオの保護に携わってきた桑原一司副園長は筆者に、何度もコンクリート製のダムの壁をはい上ろうとしては失敗し、足の裏が赤く擦りむけたオオサンショウウオの写真を見せてくれた。桑原さんらは地元の住民と協力して、河川改修の際にオオサンショウウオが川を上れるようなスロープを建設したり、コンクリート張りになった河岸に人工巣穴を作ったりしている。

島根県瑞穂町では、町起こしも兼ねて町ぐるみでオオサンショウウオの保護に取り組んでいる。だが、このような試みがなされている場所は、きわめて少ない。特別天然記念物として個体は守られているのだが、生息地を守る地域指定がほとんどなされていない。そのため開発の歯止めとはなり得ず、生息地は日本各地でどんどん減っている。

多様性喪失の象徴

オオサンショウウオに対する新たな脅威が浮上した。中国から持ち込まれたチュウゴクオオサンショウウオが野生化し、日本の川で繁殖していることが確認されたのだ。二〇〇五年、京都大学の松井正文教授らは、京都市内の賀茂川に生息するオオサンショウウオの中に、チュウゴクオオサンショウウオが含まれていることを報告した。その後、両者が交雑する「遺伝子汚染」が起きている可能性が高いことも判明した。一九七二年に岡山県の業者が食用として販売する目的で輸入した個体が逃げ出して野生化したものが、何らかの理由で京都府内に持ち込まれたとみられている。松井教授は「賀茂川では日本固有のオオサンショウウオを見つけるのは難しくなってしまった。ほかの地域でも侵入が起きている可能性があり、外来種が固有種を圧迫することが心配だ」と話す。

第2章でも述べたように、カエルやトンボ、メダカやウナギなど、少し前には身の回りのどこにでもいたような生物が、急激にその姿を消している。オオサンショウウオも個体数が減少傾向にあることは明白だ。

オオサンショウウオは、日本の豊かな生物多様性の象徴であると同時に、開発や外来種などによって各地で進む日本の淡水の生物多様性喪失の象徴でもある。桑原さんは「オオサンショウウオを守ることは、景観、自然環境、そして、河川に生活するすべての生きものを守ることにつながる」とオオサンショウウオ保護の重要性を訴えている。

地球の各地で

こうして世界のホットスポットを見てみると、多くの原因が積み重なって生物多様性の喪失が急速に進んでいることがわかる。開発、外来種、乱獲などは先進国、発展途上国に共通だ。途上国は先進国の悪例に学ぶことなく、開発中心の政策を推し進めており、環境破壊と貧困の負の連鎖が断ち難くなってきた。経済がグローバル化する中で、先進国や新興国で天然資源への需要が急増し、途上国の生物多様性破壊を招き、地球規模での喪失が続いている。

ホットスポットのほとんどで生物多様性の喪失に歯止めがかかっていないことは、短期的な利害から、長期的な生態系サービスに目を向けることが、いかに困難であるかを示している。

地球規模で進む生物多様性の喪失を食い止め、持続可能な生態系の利用を目指そうとの趣旨で、生物多様性条約が一九九二年に採択され、締約国は、「二〇一〇年までに生物多様性の喪失速度を著しく小さくする」との「二〇一〇年目標」に合意した。次章以降、生物多様性の保全のためのさまざまな取り組みを見ていくことにする。

地球温暖化と生物多様性

侵略的な外来種や生息地の破壊、乱獲や過剰な採取に加え、今後、生物多様性に対する大きな脅威になると考えられているのが地球温暖化の影響だ。すでにその影響が見え始めたとの報告も相次いでいる。最も大きな影響を受けそうなのは、海のサンゴ礁と陸上の高山帯の動植物だ。

かわいいしぐさが人々に人気のアメリカナキウサギは、アメリカの高山地帯にすんでいるが、近年、比較的標高の低い生息地で個体数の減少が確認され、「温暖化で最初に絶滅する動物」といわれるようになった。

アメリカナキウサギ(アメリカ魚類野生生物局提供)

温暖化により海水温度が上昇すると、サンゴに共生して光合成をしている藻類が脱落して、サンゴが真っ白になる「白化」が起こる。また大気中の二酸化炭素濃度が高まると、海に溶け込む量が増え、海水が酸性化してサンゴなど多くの生物に悪影響を与えることが懸念されている。

地球の平均気温は、産業革命前に比べ〇・七四度高くなっている。ある試算では、気温が一度高くなるごとに、新たに絶滅の危機に瀕する種の数が一〇%増えるという。

一方で、森林が二酸化炭素を吸収する作用や、マングローブ林が沿岸を高潮や暴風雨から守る効果を利用すれば、地球温暖化の影響を小さくすることができる。生物多様性の保全は、すでにある程度は避けられなくなってきた温暖化に人類が適応する上でも重要なものとなっている。

第4章　保護から再生へ

タイ，プーケット島の野生復帰施設で飼育されているテナガザルの親子

人類は、生物多様性が直面する危機を目前にして、ただ手をこまねいているわけではない。世界各国でさまざまな形で、生物多様性の損失に歯止めをかけるための試みが進んでいる。

1 漁民が作った海洋保護区——漁業と保全の両立

ジンベエザメの海——ベリーズ

白い砂浜の上を、熱帯の湿った暖かい風が吹き渡る。大きなペリカンが海面をかすめるように飛び、巨大なヤシの木の上に降り立つ。まばゆいカリブの太陽の下、細長い羽を伸ばしたグンカンドリが、真っ青な空を切り裂くように滑空し、魚を狙う。目の前に広がるカリブ海は、沖合にある環礁に守られ、波は静かだ。

中米、ユカタン半島の根元に位置するベリーズは、カリブ海に面する面積二万二千平方キロほどの小さな国だ。一九八一年に独立国となった、中南米では最も若い国である。

ベリーズの沖に発達するサンゴ礁は、オーストラリアのグレートバリアリーフに次ぐ規模とされ、「ベリーズのサンゴ礁保護区」として一九九六年に世界自然遺産に登録された(写真)。ここはホットスポット「カリブ海諸島」の主要な部分を占めており、豊かな生物多様性とともにその危機的状況で世界的に注目されている。

この国最大の都市で空の玄関口、ベリーズシティーから一五〇キロほど南に、プラセンシアという小さな漁村がある。人口千人足らずのこの漁村では、一〇年ほど前から、海の生物多様性の損失に歯止めをかけ、回復させるための「海洋保護区」づくりが進んでいる。それも、もともとは海で魚を捕っていた漁民自らが立ち上がることで実現したのだ。

ベリーズの海

ベリーズ沖の海の象徴は、絶滅が心配される世界最大の魚、ジンベエザメである(写真)。体長一〇～一五メートルにもなるが、性格は温和で、プランクトンや魚の卵などを主食とする。巨大な口で海水を飲み込み、海水の中のプランクトンを食べる。海洋汚染や漁網への混獲などで個体数が減少し、世界で二番目に大きい魚であるウバザメとともに、二〇〇一年にワシントン条約により国際的な商取引が規制されることになった。プラセンシア沖のこの海域は、ジンベエザメの数少ない産卵海域である。

ジンベエザメ(アメリカ海洋大気局提供)

毎年四月から六月、満月直後の数日の間だけ、この海でタイの群れが産み落とす無数の卵を目当てに、ジンベエザメが姿を見せる。

プラセンシアの人々は長い間、木造の漁船で魚を捕って暮らしていた。ジンベエザメの存在が海外に知られるようになってからは、ダイバーなどを相手にした観光業も徐々に芽生えていった。だがその一方、「漁船のエンジンはどんどん強力になり、漁網は丈夫になった。魚群探知機を付ける船もどんどん増えてきた」と、この村で五〇年近く漁を続けている漁民の一人が言う。「捕れるロブスターやコンク貝のサイズは、この二〇年で驚くほど小さくなったし、タイやハタもすっかりいなくなった」とも。

転機が訪れたのは一九七〇年代後半のことだったという。アメリカのシーフード市場への輸出が認められるようになったのをきっかけに、ロブスターやコンク貝漁に多くの人々が殺到し、隣国のホンジュラスやグアテマラの漁船も頻繁に沖合に姿を見せるようになった。「どんどん少なくなる獲物に、多くの人が群がった。資源をめぐる争いも大きくなり、人々の心もすさんでいった」というのは、この村の漁師の家に生まれ、今は地元の環境保護団体「フレンズ・オブ・ネイチャー(自然の友、FON)」の代表を務めるリンゼー・

ガルバットさんだ。「ほんの二五年前まで、すぐ近くの海で大きなカジキが釣れ、ちょっと潜れば持ち上げられないほどの貝が海の底をはいまわっていた。あんな豊かな海を見たのは、僕の世代が最後になってしまったな」ともいう。

乱獲からエコツーリズムへ

ガルバットさんは「このままでは、海も、そしてこの村もだめになる」という危機感から、周辺にあるほかの四つの漁村にいる漁師仲間に呼び掛けてＦＯＮを設立した。そして、ジンベエザメにひかれて訪れるダイバーに目を付け、エコツーリズムを村の産業にすることを目指した。「魚のいる海があるからこそ、多くのダイバーが訪れるんだ」と政府と漁民をくどき、二〇〇三年二月に、世界で初めてのジンベエザメの海洋保護区をつくることに成功した。

保護区内では、ジンベエザメの産卵期には、ごく一部の地元民だけを除いて漁業が禁止され、船もスピードを落として進むことを求められる。政府から違反者を逮捕する権限も与えられたＦＯＮのメンバーは、交代で一日中海にボートを浮かべ、密漁を監視をする(写真)。逮捕された漁民を待っているのは、刑務所ではなく、その行いが自分の首を絞めていることを教えられる教室という念の入れようだ。

ＦＯＮは、観光ガイドの養成やダイビングの指導者養成のプログラムにも取り組み、毎年一〇人近くの公認ガイドとダイビングインストラクターが巣立っている。当初「漁師の片手間仕事」とされていた観光業は、ガイドのレベルの向上も手伝って、地域の主要産業となった。

　筆者はＦＯＮについて、地元の漁民の何人かに話を聞いた。「外国からの密漁船を監視してくれるのが何よりだ」「多くの人がガイドに転職したおかげで、漁船同士の激しい競争はなくなった。ジンベエザメの保護区なんて、大きな海に比べればほんのちっぽけなものだ」と評判は上々だった。

　政府がトップダウンで設定する海洋保護区や資源保護区と異なり、プラセンシアの保護区は、地元の漁業者からの発案で生まれたという点が特筆に値する。この取り組みはベリーズ各地

海洋保護区の監視をするFONのメンバー

に広がり、エコツーリズムは拡大傾向にある。

　だが一方では、観光業の無秩序な拡大が周辺のサンゴ礁に悪影響を与え始めたとも指摘されている。周辺のマングローブ林の伐採の拡大も加わって、ベリーズのサンゴ礁は二〇〇九年、危機的な状態にある世界遺産のリストに挙げられてしまった。生物多様性の保全は一筋縄ではいかないようだ。

禁漁区の効果

乱獲や海洋汚染、地球温暖化の影響などによって、海の生物多様性は厳しい状況に置かれている。その保全と回復のために何より重要だとされているのが、海洋保護区の設定だ。さまざまな種類があるのだが、最も有効なのは、漁業活動など一切の採取を禁止する「ノーテイクゾーン（ＮＴＺ）」とされる。領海内にＮＴＺを持つ海洋保護区を設定する動きは各国で広がり、海洋保護区と海の生物多様性に関する研究もさまざまな形で進んできた。

イギリス、ヨーク大学のカラム・ロバーツ教授らが、海洋保護区設定の効果を調査している。カリブ海の島国、セントキッツの沿岸一一キロに沿って設けられた海洋保護区では、主要な五種類の魚の量が、保護区設定後三年間で三倍に増え、保護区の周囲の漁場でも二倍になっていた。また、二〇〇〇～〇一年に行った調査では、保護区設定直後と比較して、海に一晩大きなかごを沈めておく漁法での漁獲量は四六％増加、小さなかごを使った方法では九〇％も増えていた。保護区の設定によって、漁ができる場所は三五％も減ったというにもかかわらず、である。また、ロバーツ教授らが、ロケット打ち上げ基地があることで知られるアメリカ、フロリダ州ケープカナベラル沖の広大な海洋保護区の周辺でスポーツフィッシングのデータを分析したところ、保護区の設定直後から魚が釣れる量が増えたとの報告が多くなり、釣れる魚のサイズも大きくなる傾向にあることがわかった。

海洋保護区についてもっとも総合的な報告は、二〇〇七年に世界の海洋科学者でつくる研究組織「沿岸域に関する学際パートナーシップ(PISCO)」がまとめた結果だ。PISCOは、世界各国のNTZ計一二四カ所について、海洋保護区の設定が海の生物多様性に与える影響を検討した。NTZ設定の前後で、海の動植物の総量は五・四倍、生物の密度は二・六倍に増えていた。生物の種類も、NTZがあった方が平均で二一%多いなど、NTZの設定が海の生物多様性保全にとってきわめて有効であることが確かめられたという。調査したNTZの中には面積がわずか〇・〇〇六平方キロという小さなものもあったが、たとえ小さなものであっても効果は大きいこともわかった。

少ない保護区

このように、海洋保護区の設定が生物多様性保全にとっても漁業にとっても有効な一石二鳥の手法だという研究成果は年々積み重なっている。「漁ができなくなるとしてNTZを含む海洋保護区の設定に反対する漁業者が多いのだが、海洋保護区の設定は周辺での漁業資源の回復を通じて、漁業にも貢献する。海洋保護区の設定は生物多様性保全とともに漁業管理にとっても有効な手段だ」というのがロバーツ教授の指摘である。

だが、二〇〇六年の時点で世界各国に存在する海洋保護区の数は約四五〇〇カ所、合計面積は約二二〇万平方キロで、これは世界の海の面積のわずか〇・六%でしかない。しかも、このうちＮＴＺの面積は三万六千平方キロにすぎない。陸上の保護区の面積が陸地の一五%を超えていることに比べて、海の保護区の設定が遅れていることがわかる。

二〇〇五年、生物多様性条約の締約国会議は、各国の排他的経済水域（ＥＥＺ）の一〇%を海洋保護区にするべきだとの数値目標を掲げた。ロバーツ教授は、漁業資源の持続可能性や生物多様性の保全のためには、これを三〇%にまで増やすべきだと主張している。

日本の水産庁が行っている日本沿岸の海洋資源の状況をまとめたのが図4−1である。イワシやサバなど、少し前なら大量に漁獲され「大衆魚」などといわれた魚を含めて、多くの魚の資源が減少傾向にあることがわかる。第2章で述べたように、日本の海の調査は十分とはいえないのだが、このデータは日本の海の生物多様性が厳しい状況に置かれていることを示している。

日本でも、海洋保護区の拡大を進めるべきだとの意見は多いのだが、日本には海洋保護区と呼べるものは

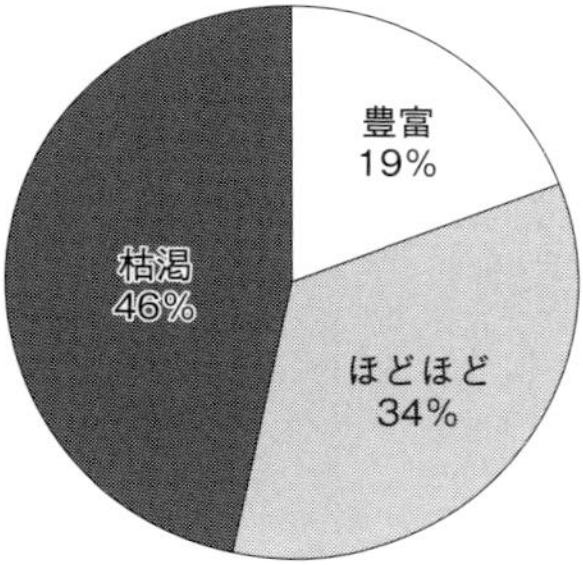

図 4−1　日本周辺の海洋資源（水産庁の魚種別系群別資源評価（2006）に基づきWWFジャパン作成）

非常に少ない。世界自然保護基金（ＷＷＦ）ジャパンが二〇〇九年一二月に発表した調査結果によると、日本の沿岸で法的に保障された海洋保護区の名に値するものの面積は日本の沿岸域のわずか三・四％しかなく、前述の国際目標一〇％には遠く及ばない。保護区の面積は、領海面積四三万平方キロ、ＥＥＺ四四七万平方キロを分母とすると、それぞれ〇・一一％、〇・〇一％でしかない。

世界の海洋保護区の面積は徐々に増えているのだが、今のペースでは、生物多様性条約の「一〇％目標」が達成されるのは二〇四七年、海全体の一〇％が保護区になるのは二〇六七年、ロバーツ教授が薦める三〇％に達するのは二〇九二年になる（図4-2）。海の生物多様性の実態調査とともに、法的に位置付けられたＮＴＺを含む海洋保護区の拡大は、日本を含めた世界各国の生物多様性保全にとって重要な課題である。

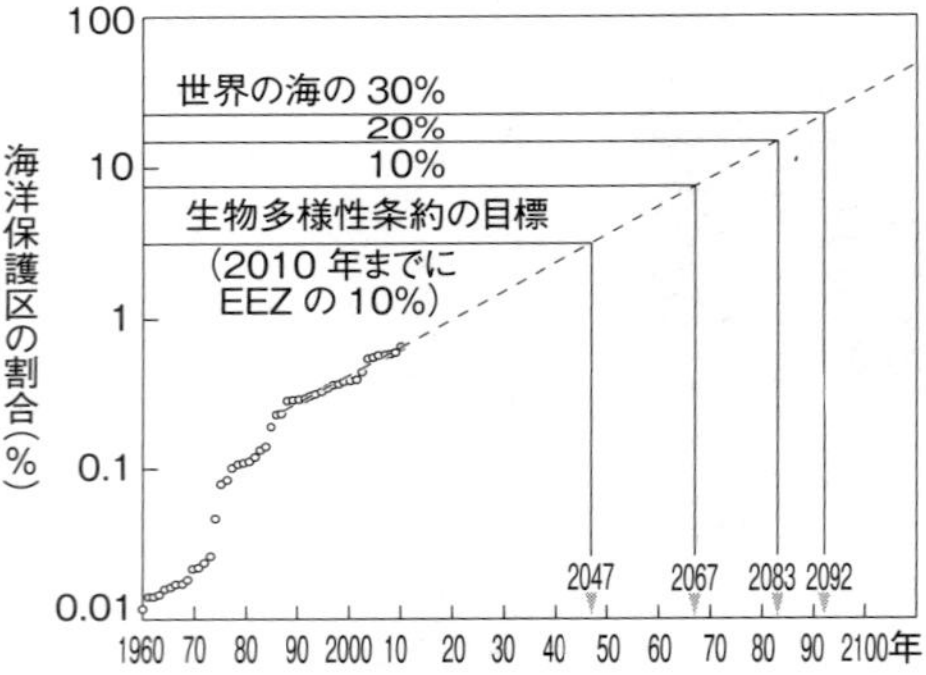

図4-2　海洋保護区の現状と将来（シルビア・アールによる）

2 森の中のカカオ畑——アグロフォレストリー

環境破壊と貧困の同居——マタ・アトランティカ

ところ狭しと軒を並べる無数の家。新旧、大小さまざまな車が無秩序に路上にひしめき、走ることもままならない道路。「ここが昔、豊かな森に囲まれていたなんて信じられないだろう」とハンドルを握るエドアルド・アタイージがつぶやく。町を抜けると、土地も家も持たない多くの人々が違法に土地を占拠し、廃材を集めて建てた粗末な家が密集している。ここにもまた、環境破壊と貧困が同居している。ブラジル中部、バイア州の港町イレウスを取材で訪れた時のことだ。

町の中心部から車で二時間ほど、高地に建つアタイージの別邸の周囲の森は、町の喧噪からは想像もできない姿を見せていた。一つとして同じ種類の木がないと思えるほどのさまざまな種類の木々に、多数の着生植物がへばりつき、鳥の声が絶えない。時折、はるか彼方からサルの声が聞こえてくる。体長一〇センチ近くにもなるカブトムシやクワガタ、カミキリムシなど、日本では見たこともないような巨大な甲虫が次々と足元に飛んでくる。熱帯の果実の香りと、幾重にも重なるカエルの声が周囲の闇を満たす。灯火に集まる無数のガも、色も形もどれ一つ

大西洋岸の森(マタ・アトランティカ)

として同じではないように見える。

この森をブラジルの人は「マタ・アトランティカ(大西洋岸の森)」と呼ぶ(写真)。マタ・アトランティカは、生物多様性のホットスポットの一つである。案内してくれたアタイージは、ここに残された森を守りながら、人々の暮らしを持続的に発展させてゆこうというプロジェクトに取り組む人物だ。

危機に瀕するブラジルの森林地帯といえば、真っ先にアマゾンが頭に浮かぶ。しかし、危機の度合はマタ・アトランティカの方がはるかに深刻である。

人間活動が本格化する前、マタ・アトランティカは、北東部に突き出したブラジルの大西洋岸からリオデジャネイロ、サンパウロを経てウルグアイ北部に至るきわめて広い範囲を覆い、一二三万三八〇〇平方キロを超える面積があった。それが現在では一〇万平方キロ足らず、もとの面積の八%程度にまで減っている。残された森は分断され、人工衛星の画像では海に浮かぶ小島のようにしか見えない。世界自然遺産に登録されている二カ所の保護区があるものの、今のペースで破壊が続けば、近い将来に生態系自体が消失してしまうと心配されている。

ポルトガル人が入植して以来、コーヒーのプランテーションなどのために多くの森林が伐採された。さらに人口増加による都市の拡大や農地開発などが破壊に拍車をかけた。現在、残っている森林は人間の開発の手が及ばない奥地か急斜面などに限られている。

マタ・アトランティカに自生する植物は約二万種。そのうち約四〇％に当たる八千種は、この森にしか見られない固有種の植物である。特に、大きな木々に付着するランなどの着生植物の多様性が豊かなことで知られる。単位面積当たりの植物の種類が、世界で最も多い森だともいわれている。

ゴールデンライオンタマリン

動物の多様性も豊かだ。長い黄金色の毛が美しいゴールデンライオンタマリン(写真)は、この森の生物多様性の象徴ともいえる動物だ。頭から尾の付け根までが約二〇センチ、成獣でも体重は一キロに満たない。マタ・アトランティカの一部、比較的標高の低い「季節的雨林」と呼ばれる森に暮らすこの霊長類は、生息地の破壊に加えて、ペット目当ての乱獲や密輸などが深刻で、一時は二〇〇頭程度といわれるまでに数が減り、IUCNによって「近い将来に絶滅する恐れがきわめて高い種」に指定された。

ライオンタマリンのほかにも、新大陸で最大といわれるウーリークモザル(ムリキ)などが生息しており、哺乳類では七二種、鳥では一四四種の固有種が確認されているという。

カカオの花

アタイージが案内してくれた森の中には、道路に沿って、奇妙な形の黄色い実を付けた木がそこここに植えられている。カカオの木だ。

「チョコレートは知っていても、カカオの実やカカオの花を知っている人は、ほとんどいないだろうな。果肉からはジュースも取れるんだよ」と、アタイージが黄色い実の近くの白く、小さな花を指さす。アタイージのプロジェクトは、森の木を切らずにカカオを育て、地元の経済発展と森林保全を両立させようというものだ。

もともとカカオは南米、それもブラジル原産の植物だ。かつてブラジルは南米最大のカカオの産地で、世界のカカオの主要輸出国の一つだった。バイア州周辺にも、広大なカカオ農場が広がっていた。

だが、一九八九年、カビによるカカオの病害によって、この地域のカカオ栽培は大きな打撃を受けた。カビに感染したカカオの木の枝が、縮んでほうきのようになってしまうため、この病気は「魔女のほうき(ウィッチブルーム)病」と名付けられた。一九九〇~九四年の間に、バイア州のカカオの収穫量は六〇％も減少した。ブラジルのカカオ産業は壊滅状態に陥り、今ではブラジル産カカオは世界の六％程度にすぎず、チョコレート好きが多いブラジルはカカオの輸入国となってしまっている。

アタイージによると、カカオ産業の壊滅によって地域の失業率は五〇％近くに上り、町には失業者があふれた。「貧困が深刻化したため、違法な伐採や違法な狩猟が広がった。この地域にはまだ比較的いい森が残っていたのだが、あっという間になくなってしまった」と嘆く。彼が車の中から指さした森は、伐採され、火が付けられて新たな農地に転換されようとしていた。森林の伐採が厳しく規制されている現在でも、違法な伐採は続いている。「政府は森林伐採を禁止しているんだが、みな生活に必死で政府の言うことなど聞きやしない」。

だが、地域の研究者は、カカオの在来種に、ウィッチブルーム病に耐性を持つ種類を発見した。この種類は単一の広い農園での栽培には適さなかったのだが、自然の森を少しだけ切り開いて太陽の光を入れ、木陰でカカオを育てる「カブルカ」という伝統的な栽培手法で、細々と栽培されてきたのだった(写真)。

裕福なカカオ農家に生まれ、この地域のカカオ産業の盛衰を目にしてきたアタイージとその仲間はこれに目を付けた。残された森の木陰で病気に耐性のあるカカオを栽培し、地元の特産品として売り出すことを思い付いたのである。

カブルカが残っていた地域は、マタ・アトランティカがわずかに残されていた場所と重なる。森の中で低木の一部を切り、木陰で育つカカオやコーヒーを植えてきたおかげで、森の大部分は伐採を免れ、手付かずの森が残された。「森と雨がなければわれわれもカカオも生きて行けないんだから」というのが、カブルカのカカオ畑で働く農民の弁だ。

森の中に実ったカカオの実

アタイージは、周囲の農民や企業家を口説いてカブルカによるカカオ栽培を広げる一方で、小さいながら自前のチョコレート工場も建設し、マタ・アトランティカブランドの「森のチョコレート」を地元の特産物にすることを目指している。「森の産物はカカオだけじゃない。ランの花やフルーツなどをチョコレートと一緒に売り込み、カカオ狩りの観光客を呼び寄せたい。多様な作物を育てれば、疫病の影響やカカオ相場の変動も受けにくくなる」。夜、森の中の農場のベンチに座ってアタイージはこう、夢を語った。

カブルカのように、森林を木材供給のために大規模に伐採することなく、森林の中でさまざまな産物を育てる手法は「アグロフォレストリー（農林複合経営）」と呼ばれる。

森林を大規模に伐採し、その跡に単一の作物を大量に植えるモノカルチャーのプランテーションは、一九七〇年代に世界各国に広がった。しかし、ブラジルのカカオのように、一度病虫害に襲われると被害が甚大で、持続的な経営が困難になる。もともと森の中に暮らしていた昆虫などもいなくなり、授粉や害虫のコントロールといった生態系サービスも失われる。

今、アグロフォレストリーは、森林が持つ多彩な生態系サービスを活用し、生物多様性を保全しつつ、地域の発展につなげる手法として多くの研究者の注目を集めるようになってきた。

アフリカのカメルーンでは、森林伐採を減らして森の中の清流を守り、そこで美しい淡水魚の養殖を行い、先進国の観賞魚市場に出荷することで、地域の貧困解消と生物多様性保全に貢献していると報告されている。単に木を切ったり、魚を捕ったりするよりも、地域の収入ははるかに大きくなったという。

生物多様性の豊かな熱帯地域やマタ・アトランティカのような森林は、アグロフォレストリーの適地である。カカオやコーヒー、ゴムなど早くから人間が利用してきた作物以外にも、松の実やナッツ、キノコやコルク、コショウやバニラなど、アグロフォレストリーの対象となる作物は数多い。

南アジア原産のニーム(インドセンダン)という樹木は干ばつに強く、生長が非常に速い。果実の抽出物には殺菌効果や防腐効果があり、インドでは古くから薬や歯磨き、虫よけなどに利用されてきた。近年、天然の農薬としての用途が注目され、アグロフォレストリーの重要な作物となりつつある。

木陰のカカオ

アグロフォレストリーと生物多様性保全との関連についても、研究が進んでいる。

第1章で紹介したシェードグロウンという木陰で育てたコーヒーの収量が多かったとのデータも、アグロフォレストリーの重要性を示すデータの一つだ。また、メキシコのシェードグロウンコーヒー農場、パナマやコスタリカのアグロフォレストリーコーヒー農場などで行われた生物調査では、これらの農場では、鳥や昆虫、小動物の多様性が天然の森にも劣らないほど豊かであることが確認されている。カカオやコーヒーに付く虫を食べる鳥が多くなれば、害虫の被害が減り、授粉に関わる昆虫の種類数が多くなればなるほど、コーヒーの着果率が高くなるという。

アメリカ、スミソニアン熱帯研究所のグループは、パナマのアグロフォレストリーでのカカオ栽培地域で、森の中に網を張って鳥が入れないようにした場所と、鳥が自由に入れる場所とを作って、両者における虫の密度や葉の食害などを調べ、鳥が入れる場所の方が、目立って食害が少なかったとの実験結果を二〇〇七年に報告し、「アグロフォレストリーでのカカオ栽培では、鳥が害虫を食べるという生態系サービスが虫害を減らしている」と分析している。鳥はカカオ農民を助ける一方、森の木々が鳥にとっての重要なすみかとなっているので、両者は持ちつ持たれつの関係にあるというのが研究グループの結論だ。

アグロフォレストリーという難しい言葉を使っているが、これは熱帯雨林に暮らす先住民が昔から行ってきた農業経営の姿に近い。また、人里近くの森を巧みに維持しながら、キノコや木の実、カヤやヨシ、淡水魚類など、森の中のさまざまな資源を利用してきた一時代前の日本の姿(里山)とも似ている。これらの伝統的な生物多様性の利用手法が、産業化された農業、モノカルチャーの大規模農業の前に失われていったことも、生物多様性の損失の大きな原因の一つである。

3　森を守って温暖化防止

世界一緑の国——スリナム

うっそうとした森の向こうに、高い木から木へと素早く動き回る黒い影が見えた。日の光に輝く黒い毛並みと赤い顔が遠目にもはっきりとわかる。ここ南米の小国スリナムの森では、世界のほかの場所ではなかなか見られなくなったクモザルを、いとも簡単に目にすることができる(写真)。

クモザル

森の中の道なき道を行くと、灰色の毛並みが美しいリスザルの群れがにぎやかにすぐ目の前を通り過ぎていった。頭の上に大きなとさかのように突き出たオレンジ色の羽が特徴の美しい鳥、イワドリはこの森のシンボルだ。何羽もの雄の鳥が群れをなして森の中を飛び回り、一羽の雌の前で求愛のディスプレーを繰り広げる。樹上ではさまざまな種類の小鳥が鋭い声で鳴き交わし、人の背よりも高いシダ植物の葉を打つ雨音を縫って遠くからホエザルの声が響く。

今や世界でもまれな、手付かずの熱帯林が広がる中央スリナム自然保護区は、岩手県より広い一万六千平方キロに及び、世界自然遺産にも登録されている。人の営為を思わせる物はほとんどなく、自然の多様性を体感できる(写真)。

南米大陸の北東部、ブラジルの北に位置するスリナムは面積一六万平方キロあまり、人口四八万人あまりの南米で最も小さな国だ。「スリナムの森は、世界で最も生物多様性が豊かな森の一つ。生物多様性条約の加盟国は「二〇一〇年までに自国の多様性の損失速度を顕著に減少させる」との目標を掲げたが、ほとんどの国がその達成に失敗した。だが、国内の森林保護区の面積をどんどん広げているスリナムだけは、この目標を達成したといえるだろう」と言うのは、ホットスポットの提唱者の一人、ラッセル・ミッターマイヤー博士だ。「生物多様性が豊かでもスリナムはホットスポットではない。なぜなら、破壊の危機が深刻ではないから」と博士は笑う。

金やボーキサイト、石油といった豊かな地下資源に恵まれたこともあって、スリナム国内には多くの森が手付かずのまま残されている。人口のほとんどが北部の大西洋岸に集中し、小型飛行機で少し南に飛んだだけで、眼下は一面の森林だ。国土の九〇％が森林に覆われ、豊かな熱帯林はブラジル・アマゾン北部の熱帯林に連なる。東部のナッソー高地では二〇〇七年に、国際的な研究チームが、小型のナマズや五種類のカエルなど計二四種もの新種とみられる生物を発見したことを報告し、大きな注目を浴びた。

スリナムの森

今、スリナムは、この豊かな森林の生態系と生物多様性を根幹に据える新たな経済成長の実現に向けて舵を切り始めた。

二〇〇九年一〇月、首都パラマリボで開かれた環境と開発に関するシンポジウムで、フェネティアン大統領は「スリナムは世界で最もグリーンな国だ。広大な森は地球温暖化防止を通じて、世界の人々に貢献している」と演説し、新たな「グリーン成長戦略」を発表した。自国の森や生物多様性をエコツーリズムのための資源として活用し、先進国の政府や企業と協力して医薬品や有用な化学物質の開発を目指す。さらには森林が吸収する二酸化炭素を「排出枠」として、国際的な温室効果ガスの排出量取引市場で売却して収入を得ることも目指す戦略だ。

マイケル・ヨンチンファ区画計画・土地・森林大臣は「これまでは地下資源の採掘に頼る経済成長を続けてきたが、資源はやがて枯渇するのだからこれはいつまでも続かない。生物多様性という豊かなスリナムの財産を活用することなしに、持続可能な開発はあり得ない。そのためには資金が必要だ。大量の二酸化炭素を吸収することでスリナムの森は温暖化防止に貢献しているのだから、我が国の森林保全の努力は報いられるべきだと思う」という。

一石二鳥――REDD

スリナムの関係者が今、熱い視線を注いでいるのが、国連などが中心になって進めている森林保全と温暖化防止のための「ＲＥＤＤ」というプログラムだ。ＲＥＤＤは「発展途上国での森林破壊と劣化の防止(Reduced emissions from deforestation and degradation in developing countries)」の略である。焼き畑や森林伐採などによって森林が破壊されると大気中の二酸化炭素が増加することになるので、森林破壊を防ぐことは二酸化炭素の増加を抑制することになる。そこでその分を「排出枠」として、国際的な排出量取引市場で売ることを認めようという仕組みだ。京都議定書で定めた期限である二〇一三年以降の温暖化防止のための国際交渉の中で、コスタリカやパプアニューギニアなどがこの考えを提唱した。京都議定書では、植林を行って新たに吸収量を増やした分だけを排出枠とすることを認めているが、ＲＥＤＤは、森林保護によって「排出しないで済んだ分」についてまで排出枠として認めることで、森林保全に取り組む発展途上国に資金が流れるようにして森林破壊に歯止めをかけることが狙いだ。

世界銀行のジーンクリストフ・キャレット上級環境エコノミストは「森林破壊で大気中に出る二酸化炭素量を減らすことは温暖化防止だけでなく、木を切ったり、農地に転換したりすると失われてしまう生物多様性の保全にも貢献する。排出枠の売却で利益が得られれば、地域の発展にもつながる」と、ＲＥＤＤの意義を説く。

ＲＥＤＤが注目される背景には、世界の熱帯林の破壊が二酸化炭素の大きな発生源になっていることがわかってきたことがある。

焼き畑や農地開拓のために森に火が付けられれば、森は即座に二酸化炭素の発生源になる。

燃やされなくても、伐採された木々の中に含まれる炭素は、やがて二酸化炭素の形で大気中に出てゆく。森林が破壊されると、地下に蓄えられていた温室効果ガスのメタンや二酸化炭素も大気中に放出される。現在の見積もりでは、森林破壊が原因で発生する温室効果ガスの量は、世界の年間の温室効果ガス発生量の一五〜二〇％に達するとされている。これを考慮すると、インドネシアやブラジルなどは日本やヨーロッパの先進国を上回る温室効果ガスの大排出国になってしまう。

二〇〇九年一〇月に、「陸域炭素グループ（ＴＣＧ）」というアメリカ、イギリス、オーストラリアなどの研究者で組織する国際研究チームが発表した調査結果によると、森林保全対策をとらないと、今世紀末までに、アジアやアフリカ、中南米に現存する熱帯林の三分の二近くが破壊され、現在の世界の総排出量の約二〇年分に当たる、炭素換算で一七五五億トンの二酸化炭素が放出される可能性があるという。だがＴＣＧの試算では、ここにＲＥＤＤの仕組みを導入して、森林が吸収する二酸化炭素一トンに二〇ドルの価格が付くようにすれば、最大で炭素換算一三四八億トンの二酸化炭素の放出を防げる。ラルフ・アシュトンＴＣＧ代表は「ＲＥＤＤによって熱帯林保全を進めることが世界の温暖化対策上、不可欠だ」と指摘している。

世界銀行と国連などは二〇〇八年末に、ノルウェー政府などの資金協力でＲＥＤＤを試験的に進めるための基金を設立し、マダガスカルやボリビア、コンゴ民主共和国など三〇カ国を対象に、森林保全事業を進めて放出されないで済んだ二酸化炭素の量の算定方法の開発などに取り組んでいる。この基金には日本も一千万ドルを拠出している。将来的には基金が、対象国から「排出枠」を買い上げることも検討している。

マダガスカルでは、日本企業も資金を拠出して二カ所のＲＥＤＤプロジェクトが動きだしており、二〇一三年までに静岡県の面積に匹敵する約八〇万ヘクタールの森林保護区を創設する計画が進んでいる。

4　種を絶滅から救う――人工繁殖と野生復帰

テナガザルの鳴き声

熱帯の森の中の急な山道を登り始めると、まだ早朝だというのに汗びっしょりになる。朝方の雨が上がったばかりの滑りやすい道を一時間近く歩くと、木々の向こうから「ウホーッ、ウッ、ウッ」という声が聞こえてきた。巨大なオリの中にいるのは、明るい白茶色の毛並みが美しいテナガザルのペアだった。雌のテナガザルのお腹には小さな子供のサルがしっかりとつかまっていた（本章扉写真）。雲梯をする子供のように長い手を自在に使って素早く樹上を動き回るテナガザルの姿は、地球上の生物の中で、最も洗練され、美しいといわれる。大きな黒い目と口をとがらせて、つぶやくように鳴く様子は、人間そっくりだ(写真)。

ここはタイ、プーケット島の北東部、カオ・プラ・テウ禁猟区にある、テナガザルの野生復帰のための訓練施設である。テナガザルは、かつて東南アジア一帯に広く生息していたが、森林伐採や密猟で生息数が急速に減少し、プーケット島ではすでに絶滅した。民間の「ギボン(=テナガザル)・リハビリテーション・プロジェクト」が一九九二年から、保護してきたテナガザルを野生に帰す取り組みを続けているのだ。

テナガザル

施設の一部は開放されているのだが、ビーチに遊ぶ観光客に、この島の山の中にこんな施設があることを知る人は少ない。森の中にはいくつものオリを設けてあり、黒や茶色などさまざまな体色のテナガザルが暮らす。最も上にある大きなオリは、野生復帰に向けた最終段階に当たる。ここでペアを作り、子供をもうけたテナガザルは、まもなく近くの山に出てゆくことになる。

タイでは一九九二年からテナガザルの捕獲が禁止されているが、ペットや観光用の見せ物として高値で取引されるため密猟が絶えない。リハビリ施設のスタッフのティパラット・ミンピジャンさんは「現在、タイで生息する野生のテナガザルは五万～六万頭だが、年間約三千頭のペースで減っている」と話す。

ペットとして飼いやすい子供のテナガザルを捕まえるために、親が殺されることが多い。最初のうちは可愛くても、成熟年齢に達する七～八歳になると力も強くなり、乱暴になって飼うことができなくなる。プロジェクトの元には、そんなテナガザルが毎年一〇頭前後も運ばれてくる。中には病気を持っていたり、歯を抜かれていたりして、野生復帰が困難なサルも多い。野生復帰が可能だと判断されたテナガザルは、時間をかけて少しずつ人間との接触を減らし、自然環境に慣らしていく。家族単位で生活するため、まずペアを作り子供を持つことが条件だが、スタッフは「子供や夫婦のどちらかが病死することもあって森に帰せるのは年間せいぜい一家族だ」と言う。

突然、オリの近くに二頭のテナガザルが姿を見せた。長い手を伸ばし、木から木へ素早く渡り歩く。「七年前、初めて森に放したジョーとその娘だよ。ここは彼らの縄張りの中なんだ」とミンピジャンさん。ジョーは妻キップとの間に三頭の子をもうけた。うち二頭はこの森で生まれた子供だ。

復活した鳥たち

絶滅危惧種の数が増える中、人間の手によって数を増やし、再び野生に戻すことで野生の個体群を復活させようとの試みが、各国で行われるようになってきた。

絶滅危惧種に詳しいＩＵＣＮのサイモン・スチュアート博士は「極端に数が減った野生生物を人工繁殖させて野生に復帰させ、野生の個体群を復活させる試みは、一九七〇年代ごろから各地で行われるようになってきた。中には数頭まで数が減り、近親交配の影響などが心配されたケースもあるが、思いのほか、問題は生じていない。最大の問題は、どのタイミングで野生の個体を捕獲し、人工繁殖に踏み切るかだ」と話す。

日本のトキの場合、人工繁殖のために野生の個体をすべて捕獲することになったのは一九七一年のことで、この時のトキの数はわずか五羽だけだった。すでに保護されていた一羽の雌を含めた六羽で人工繁殖に取り組んだのだが、成功することはなく、日本産のトキは絶滅してしまった。現在、佐渡などで飼育され、野生に帰されたトキはすべて中国産のトキである。

第2章で紹介したヨウスコウカワイルカの場合も、長江の支流を区切って造った半自然の保護区に残されたイルカを移して人工繁殖を進める計画が立てられた。しかし、極端に数が少なくなっていたため、野生個体を捕獲することすらできなかった。

だが、スチュアート博士がいうように成功例も少なくない。

最も有名な例は、インド洋に浮かぶ島国、モーリシャス固有の小型猛禽類の一種、モーリシャスチョウゲンボウだろう(写真)。この島は、狩猟や外来種、生息地の破壊、有害な農薬などの影響で数が減ったという点でも、人工繁殖が一九七〇年代に始まったという点でも、日本のトキによく似ている。人工繁殖に取り組む研究者の手に残されたのは、わずか二組のペアと、繁殖能力のない鳥二羽の、計六羽だけだった。一部の研究者からは「もう絶滅は確実なのだから、資金と手間を別の種類の鳥の保護に投じた方がいい」との意見まで出たのだが、研究者の努力で人工繁殖に成功した。野生復帰後の保護活動も実って、チョウゲンボウは奇跡的な復活を遂げた。二〇〇五年の生息個体数は八〇〇～一〇〇〇羽に達し、さらに増加傾向にある。

人工繁殖でふ化したモーリシャスチョウゲンボウのひな(バードライフ・インターナショナル提供)

もう一つの成功例が、ニュージーランドのチャタム諸島のヒタキだ。人工繁殖のために残された鳥は三羽の雄と二羽の雌だけ。しかも、有精卵を産めるのは高齢の一羽だけだったといわれている。それでも人工繁殖と野生復帰の努力が実り、現在では二五〇～三〇〇羽にまで増えている。成功の裏には、もともとこの鳥が生息していた島の隣に何千もの木を植えて新たな生息地を造るという、生態系の再生事業などがあった。

鳥を絶滅から救うために

二〇〇六年、国際的な鳥類保護団体、バードライフ・インターナショナルの専門家は、過去一〇年間に人間の努力によって絶滅から救われた鳥に関する論文を発表した。研究チームが、世界の鳥約二四〇種について、一九九四〜二〇〇四年までの間の個体数などを調べ、保護の取り組みの効果や、それがなかった場合の個体数の変化などを推定した結果、保護活動がなければ絶滅した可能性が非常に高い種が一六種確認された。

例えば、一九九四年には二二羽しかいなかった中国のトキは二〇〇四年には三六〇羽に、九羽だけだったアメリカのカリフォルニアコンドルも一二八羽にまで増えていたが、これらは人間が関与しなければ絶滅した可能性が高い。

また、一九九四年以前の努力が実って絶滅せずに済んだ種の中には、日本のアホウドリも含まれている。一度は絶滅したと思われたが、鳥島にわずかな個体群が生息していることを知った研究者の多大な努力によって、今では数が増える傾向にある。そのほか、一度は野生で絶滅してしまったが、海外からの個体を導入し、人工繁殖で数を増やして、再び、自然に飛ぶ姿を日本によみがえらせることに成功した兵庫県のコウノトリや新潟県のトキなど、日本にも、世界的に注目される成功例が存在する。

だが、一度、極端に数が減った動物の数を増やし、野生に帰せるようにするまでには多大な努力が必要である。

日本の野生のコウノトリがいなくなったのは一九七一年。一九六五年に始まった人工飼育から人工繁殖が成功するまでに約二五年、兵庫県豊岡市で試験放鳥されるまでには四〇年もかかっている。

小型飛行機を使ってアメリカシロヅルに渡りの訓練をする(アメリカ魚類野生生物局提供)

アメリカでは、野生復帰させたアメリカシロヅルに渡りの行動を教えるために、ツルの形に似た小型飛行機やグライダーを使って先導することまで行われている(写真)。

本項冒頭の論文の著者、スチュアート・ブッチャート博士は「鳥を絶滅から救うことは可能だが、一六種は現在絶滅が懸念されている鳥類のわずか一・三%にすぎない」と指摘。「鳥を絶滅の恐れがあるような状態に追い込まないようにすることが何より大切だ」と話している。

カタールの繁殖施設内のアラビアオリックス

オリックスの復活と新たな危機

成功例は島に限らない。ＩＵＣＮのスチュアート博士が「世界に誇るべき成功例だ」と言うのが、アラビア半島に生息するウシ科のアラビアオリックスの人工繁殖だ。

体長一〇〇～一七〇センチ、時には七〇センチを超えるまでになる長く尖った角を持ち、一角獣(ユニコーン)のモデルとも言われるこの動物は、かつてはアラビア半島、シナイ半島やイラクやシリアなどに広く分布していた。だが、角や毛皮、肉目当ての狩猟で個体数が減少し、さらにアラビア半島で石油の採掘が盛んになって四輪駆動の車があちこちを走り回るようになったことが乱獲に拍車をかけ、多くの生息地から急激に姿を消した。最後の野生の個体は一九七二年に射殺され、野生絶滅種とされた。

それ以前から人工繁殖を目指して野生で捕獲されていた三頭と、サウジアラビアの国王から寄贈された六頭のわずか九頭から、アメリカ、アリゾナ州のフェニックス動物園を中心に、オリックスを絶滅から救うプロジェクトが始まった。幸いなことに飼育個体の数は順調に増え、一九八〇年のオマーンを皮切りに、サウジアラビア、イスラエルなどで野生復帰が実現した。

オマーンにはオリックスのための自然保護区も作られ、世界全体の個体数は一千頭近くになった。これらはすべて最初の九頭の子孫である。このほか、カタールでも国内の富豪が飼育していた二二頭から人工飼育が行われ、一三〇〇頭まで増えている(写真)。

だが、アラビアオリックスには最近になって新たな脅威が生じている。手厚く保護され、一九九四年には世界自然遺産にも登録されていたオマーンの保護区で、再び密猟が活発になったのである。一時は四五〇頭いたこの地域のオリックスが、五〇頭以下にまで減ってしまった。ところが、オマーン政府は個体数の減少などを理由に保護区の面積を九〇％も削減することを決定した。これを遺憾とする国連教育科学文化機関(ユネスコ)は二〇〇七年、遺産としての価値が失われたとして世界遺産登録の抹消を決めた。オマーンのオリックス保護区は、一九七五年に世界遺産条約が発効して以来、初めて抹消の対象になるという不名誉なものとなってしまった。

希望

動物の繁殖行動の研究やホルモンなどの生化学的な研究が進み、経験も積み重なって、人工繁殖と野生復帰の成功例は年々増えている。

アフリカでのチンパンジーの研究と保護活動で世界的に知られるジェーン・グドール博士の

近著『Hope for Animals and Their World』は、この種の成功事例を多数紹介している。野生の繁殖個体が四頭になったといわれたアメリカのクロアシイタチ、ブラジル、マタ・アトランティカのゴールデンライオンタマリン、中国のトキやジャイアントパンダ、モーリシャスの鳥類、アメリカのアメリカシロヅルやカリフォルニアコンドルなどについて、研究者や保護関係者がどのようにして種の絶滅を防いだかを詳しく検討している。

グドール博士はまた、鳥島のアホウドリ復活に尽力した長谷川博・東邦大学教授の努力も紹介し、「人間の持つノウハウと自然の復元力に、人々やコミュニティの努力が加われば、傷ついた環境を修復し、そこを再び、絶滅危惧種のすみかとすることは可能だ」と指摘している。

5　自然は復元できるか

砂浜とウミガメ

愛知県豊橋市、渥美半島の付け根の海岸から遠州灘を望む。明るい日差しに輝く白波が、弓なりになってはるか彼方まで続く海岸線に打ち寄せる。犬を連れて海岸を散歩する人、投げ釣りをする人。海岸は昔から人々の憩いの場であり、多くの生物の生息地でもあった。

「一見、美しく見えるこの海岸もウミガメにとっては困ったものなのです」と、海辺を案内してくれた田中雄二さんがつぶやく。「表浜」と呼ばれるこの海岸周辺で、海岸生態系の保全活動に取り組むNPO法人「表浜ネットワーク」の代表だ。

田中さんが指さす海岸線には、半分砂に埋もれたコンクリートの波消しブロックがどこまでも続いている。砂防林とブロックの間には、舗装道路が森と砂浜とを分断するように走る。「ブロックが並べられていない海岸は全長五七キロの表浜のうち、ほんの数百メートルにすぎない。真の意味での自然の砂浜はほとんどなくなってしまった」と田中さん。「コンクリート製のブロックでも舗装道路でも、人間は簡単にまたいで通れるが、海の生物はそうはいかない」。

表浜は日本でも有数のアカウミガメの産卵地だった。しかしブロックが敷設されると、上陸したウミガメの大半は産卵に適した砂浜までの道を阻まれてしまい、産卵をあきらめて海に帰ってゆく。産卵を終えたばかりのウミガメや、ふ化したばかりの子ガメが、ブロックに行く手を阻まれて死ぬことも少なくない。表浜で長くアカウミガメの産卵調査をしている田中さんは「産卵のために上陸したカメの少なくとも半分が産卵をあきらめて海に帰ってゆく」と指摘する。田中さんが撮影した、コンクリートのブロックの切れ目を探して海岸を歩いて回ったウミガメの半円形の足跡がいくつも続く砂浜の写真は、メディアに取り上げられ、大きな注目を集めた(写真)。

背後の照葉樹林から丘陵、そしてハマヒルガオやハマボウフウ、ハマウドなど多様な植物が自生する砂丘を経て、海辺の砂浜に至る。海岸に沿って発達する生態系の生物多様性はきわめて豊かだ。日本の太平洋岸の砂浜は、絶滅が懸念されているアカウミガメにとって北太平洋で唯一の産卵地となっているし、沿岸や海岸近くの砂州には非常に多くの種類の底生生物や魚介類、カニやヤドカリなどの甲殻類が生息している。

産卵ができる場所を探して歩き回ったウミガメの足跡(表浜ネットワーク提供)

だが、海岸の生態系は、日本で最も破壊が深刻だといわれるまでに危機的な状況にある。田中さんが問題視する海岸のコンクリート製構造物やコンクリートの護岸による物理的な破壊のほかにも、海洋汚染や漂流ゴミ、河川のコンクリート化による土砂の供給量の減少、沿岸の開発などさまざまな要因が加わり、長い海岸線を持つ日本でも、真の意味での自然の海岸線を見つけることは、年々困難になってきている。

ウミガメの保護に取り組む民間団体、日本ウミガメ協議会によると、鹿児島県の屋久島や宮崎、和歌山、静岡など、主要な産卵地となっている砂浜でのアカウミガメの産卵数は一九九〇年からの一〇年間で半分以下に減ってしまった。アカウミガメの個体数は、北太平洋の流し網漁の禁止で混獲される個体が減ったために、増加傾向にある。しかし、このまま日本の砂浜の破壊が続けば、これがウミガメにとって大きな脅威になると心配されている。

同協議会の亀崎直樹会長は、二〇〇九年、宮崎県でのウミガメに関する研究集会で、日本のアカウミガメの上陸と産卵の回数が二〇〇九年には、過去最多だった二〇〇八年に比べて約三割減少したことを報告した。「日本で産卵するアカウミガメは推定で数千匹しかおらず、危機的な状況にある。日本の沿岸環境の破壊に歯止めをかけないといけない」と危機感を募らせる。

自然再生

田中さんらによる豊橋市への働きかけなどによって、二〇〇七年に試験的に二〇〇メートルのコンクリートブロックが市によって撤去された。二〇〇九年には同市による「エコ・コースト事業」が始まり、アカウミガメの上陸を阻んでいた砂浜の中央部のコンクリート製消波ブロック二段を約一キロにわたって重機で撤去し、緩い傾斜の堤に造り替えて砂浜に埋め戻す作業が行われた。砂丘から砂浜まで一体的につなげ、昔の砂浜を復元する試みである。同時に田中さんらは、人間の手によって改変される前の自然の砂浜を再生させようと、砂丘を安定させる作用を持つコウボウムギという植物の苗を育てて移植したり、海岸に「堆砂垣」と呼ばれる生

人工の生け垣による砂浜再生プロジェクト

け垣を埋めるなどして、砂浜の成長を促す「砂浜再生プロジェクト」にも取り組み、この一帯に自然の砂浜を再生することに成功した（写真）。新たに生まれた砂浜では、造成直後にウミガメの産卵が確認され、関係者を喜ばせた。

人間が破壊した生態系を、人間の手によって復元、再生し、生物多様性を回復しようという試みは、世界各地で盛んになってきている。そのための研究や制度の整備も進んできた。

日本では、表浜のように地域の自然保護団体やボランティア団体など「草の根」による自然再生が盛んになりつつある。コスモスなどの外来植物や外来の牧草が植えられることが多かった河原の道に、外来植物に追われて絶滅寸前となったカワラノギクなどの在来植物を植える栃木県の鬼怒川での市民活動や、熊本県阿蘇山麓で伝統的に行われてきた野焼きを市民の手で続けることで、草原の自然再生を図ろうという市民の活動など、なかなかユニークなものが多い。阿蘇山での自然再生事業では、この草原で在来の赤牛を育て、都市の住民にオーナーになってもらって草原の牛を増やす「あか牛オーナー制度」などの活動も行われている。岩手県の一関市には、墓石の代わりに在来の樹木を植える「樹木葬」によって、里山の自然の再生を進めようというユニークな手法に取り組むお寺もある。

損失なしの開発

進歩してきた自然再生の手法を活用し、生物多様性の保全と回復を図る上で注目を集めている新しい考え方に、「ノーネットロス」というものがある。

開発の際に、これまでは不可避とされてきた生態系や生物多様性の損失を実質的にゼロにしようというのが「ノーネットロス」の考え方だ。生物多様性の危機を招いた大きな原因は、湿地の埋め立てや森林の伐採、沿岸の埋め立てといった生物の生息地の破壊だった。先進国では環境影響評価の法制化などが進んだが、結局は自然の生態系が失われてきたという反省がある。

ノーネットロスは、一九五〇年代後半にアメリカの開発規制と生態系保護の法体系の中に最初に盛り込まれた。森林や草地を開発して住宅地や工場などを造成する場合、どうしても生態系の破壊は避けられない。この場合でも、開発地の周辺に、開発によって失われるのと同等の生態系を復元、再生することで、生態系の損失を実質的になくすことを目指すのである。

アメリカでは、開発時に生態系のノーネットロスの実現を義務付けたことによって、各地で事業者の出資による自然生態系の再生や復元が進み、また再生された自然や生物多様性を評価する手法の開発も進んだ。中には、損失をゼロにするノーネットロスを超えて、失われた以上の自然や生態系の価値を創出しようとする「ネットゲイン」を目指すプログラムも芽生えている。

現在では、ノーネットロスの考え方は、世界銀行などの国際機関や援助機関の融資政策にも取り入れられ、多くの国や地方自治体で導入されたり、導入が検討されている。もちろん、失われる生態系と、再生、復元される生態系の価値がどこまで同等といえるかなどの議論はある。それでも、日本にこの考え方が導入されていれば現在のように湿地や干潟の消失が深刻になることはなかったと思われる。

生態学者の足立直樹さんによると、アメリカに続いてこうした考え方が制度化されたのはドイツで、一九七六年の連邦法で生物の生息地に対する影響を緩和する措置が義務づけられた。欧州連合(EU)は一九九二年、加盟国への指令を出し、ドイツ以外の国でもノーネットロスに関する国内法の整備が進んだ。足立さんは「この他にも、カナダ、オーストラリア、ニュージーランド、ブラジルなど多くの国でノーネットロス政策が制度化されていると考えられ、日本はこの制度を持たない、数少ない国になってしまっている」と指摘している。

種子バンク

人間が長い年月をかけて育て上げてきた農作物や家畜の品種の保全の重要性も指摘されている。各地で伝統的に栽培されていた品種が、産業化されたモノカルチャーの農業が拡大するにつれてどんどん農場から姿を消しているのだ。家畜についても状況は同じだ。

だが、単一の品種を大量に育てていると、環境の変化や病虫害の影響を受けやすい。また、地球温暖化が進んだときには干ばつや高温に強い品種が求められるだろう。その時に備えて、在来の品種や野生種が持つ種子や遺伝子を保存しておくのが「遺伝子バンク」あるいは「種子バンク」と呼ばれる施設だ。

どんな災害にも気候の変化にも負けない「究極の遺伝子バンク」の建設が、北極圏にあるノルウェーのスピッツベルゲン島で進んでいる。岩山の永久凍土の中に長さ約一二〇メートルのコンクリート製の水平トンネルを掘削し、その先に頑丈な種子保存室が二つ建設された。ノルウェー政府のほか、アメリカやインドなど約一五カ国の政府と三つの企業などが四七〇〇万ドルを出資した。永久凍土の地下は、零下四~六度とほとんど温度が変わらない「天然の冷蔵庫」だ。ここにはすでに、五〇万種を超える世界の農作物の種子が運び込まれている。

ノルウェーに建設された種子バンク(グローバル作物多様性トラスト提供)

第5章　利益を分け合う
――条約とビジネス

カナダ，バンクーバー島の森林伐採に抗議する人々

1　生物多様性条約への道のり

生物多様性フォーラム

「生命の形の多様さ、それはこの惑星での最大の驚異だ。生命圏はさまざまな形の命が複雑に縫い合わされたタペストリーのようなものである。一〇億年以上にわたって多様な形の生命を育んできた環境をわれわれが急激に変え、破壊していることに対する緊急の警告を伝えたい」――。これまでにも何度か紹介してきたエドワード・ウィルソンは一九八八年に出版された本の序文で、こう記している。本のタイトルは『バイオダイバーシティ(生物多様性)』である。

この本は、一九八六年にワシントンで、著名な生物学者や環境学者ら六〇人が参加して四日間にわたって開かれた「生物多様性に関するナショナルフォーラム」の記録である。

フォーラムでは、外来種の悪影響や、生物多様性の持つ経済的な価値が語られ、急速に進む熱帯林の破壊によって地域の人々にとって重要な生物多様性が急速に失われていることを示すデータが次々と紹介された。

フォーラムも、その結果をまとめたこの本も、アメリカなどで大きな反響を呼んだ。熱帯林の破壊や種の絶滅などが世界的な問題として注目を浴び、一方では発展途上国における生物多様性保全と経済成長との関連が注目されるようになっていたためで、現代の生物多様性保全が抱える問題は、この時に示されたと言える。

条約への第一歩

一九八七年には、国連環境計画（ＵＮＥＰ）が生物多様性保全のための国際条約づくりを目指すことを決め、専門家会合を作って、条約の内容や具体的な案文を検討することになった。

生物多様性保全のための国際的な条約が必要だとの意見は、研究者の間にそれ以前からあり、すでに一九八四年には国際自然保護連合（ＩＵＣＮ）がその原型となる協定原案を作っていた。ＩＵＣＮがまとめた生物多様性条約の最初のアウトラインでは、国際条約で保護すべき種や生態系などを特定するリストを作り、その地域内での乱開発や乱獲など生物多様性を脅かす行為を規制するとされていた。さらに、熱帯材の輸入など、生物種の生息地域外で、指定された生物多様性を脅かすような行為も規制の対象とするなど思い切った内容だった。

また、遺伝資源などから得られる利益の配分については、資源が存在する国に生物多様性の主権を認め、利用者は得られた利益の中から資金を拠出して基金を作り、この基金によって途上国での生物多様性保全を進めるという、これまでにない仕組みの創設も提案されていた。

そのほか、海の環境保護のために、公海上で生物多様性に悪影響を与える行為を慎むことや、政府開発援助(ODA)など国際援助の際には事前の環境影響評価を各国に義務付けることなども盛り込まれていた。生物多様性保全に関して重要な地点を特定するリストは「グローバルリスト」と呼ばれ、以降の交渉の焦点の一つとなっていった。

ほどけない対立

条約づくりのスタートは上々だったが、実際に交渉が始まってみると、各国はこの問題をめぐる利害関係の複雑さと、問題解決の困難さに直面することになる。

各国間の交渉では、自国の生物多様性に対する所有権を主張して、それを利用することから得られる利益を公平に配分する国際的な仕組みを作り、バイオテクノロジーなどの生物多様性の利用に関する技術の移転の促進を求める発展途上国と、これに批判的で、生物多様性保全に対する途上国の責任を強調する先進国とが激しく対立した。中でも、バイオテクノロジー大国のアメリカは、製薬業界などの意見を背景に、知的所有権の保護を求めて、時には強制力のある条約の策定自体に否定的な見解を示し、交渉を難航させた。当時の交渉関係者は「残された時間はどんどん少なくなるのに、会議はまさに堂々巡りで、この交渉はまとまらないと思ったこともしばしばだった」と振り返る。

一九九二年四月の段階でも、交渉テキストには、各国が合意をしていないことを示すカッコに入れられた部分が三五〇カ所もあった。それでも各国は、地球サミット開催直前の五月、ナイロビで開いた最後の条約交渉会議で、深夜までに及ぶ交渉の結果、生物多様性条約の採択にまでこぎ着けた。

だが、生物多様性保全にとって重要な地域をリスト化する「グローバルリスト条項」は、先進国からの環境保全に対する圧力が高まることを警戒した途上国の反対で、早い時期に削除されることが決まり、環境保護団体などからは「条約の効力が失われた」と批判された。

ＩＵＣＮの草案に盛り込まれていた、利益の配分を進めるための資金拠出や基金の設立も見送られ「遺伝資源の研究および開発の成果並びに商業的利用その他の利用から生ずる利益を当該遺伝資源の提供国である締約国と公正かつ衡平に配分するため、……適宜、立法上、行政上または政策上の措置をとる」とされるにとどまるなど、交渉が進めば進むほど、条約の規定は抽象的な内容になっていった。

それでも条約は、生物多様性の保全と持続的な利用が、国際社会にとって重要課題であることを明確にし、国内に存在する生物を「遺伝資源」と位置付けて、これに対する各国の主権を認める一方で、その保全と持続的な利用のための政策を進めることを義務付けるという、これまでにない画期的な内容となった。

条約では、生物多様性は、種のレベルだけでなく、多数の生物が複雑に絡み合ってできる生態系や、一つの種の中での遺伝子の多様性を含むものとし、生物多様性の保全、持続的な利用、利益の公平な配分の実現の三つを主要な目標としている。遺伝資源を国外に持ち出す際には所有国の事前承認を必要とし、またその遺伝子を使う研究開発には所有国が参加するよう努力することを義務付けることで、遺伝資源の管理に一定の条件を付けたほか、先進国が途上国の遺伝資源を利用して得られた利益を公平に配分し、得られた利益の発展途上国への還元が求められることになった。

バイオテクノロジーの利益と懸念

だが、この条約には誕生直後から不吉な影がつきまとっていた。最大の遺伝資源利用国であり、国連への最大の資金拠出国であるアメリカが、条約の条文に不満を表明し、条約の批准はおろか署名すらしない、との姿勢を鮮明にしていたからだ。一方で、国内に抱える大きな熱帯林の破壊が進み、対策の不十分さを他国から指摘されることに神経をとがらせていたマレーシアも、署名を留保することを表明していた。また、生物多様性保全に向けた強力な規定の導入を求めていたフランスは、グローバルリスト条項が削除されたことに不満を表明し、アメリカやマレーシア同様に、最終交渉会議での署名を留保していた。

アメリカを中心にした論争の焦点は、バイオテクノロジーの扱いだった。当時の交渉関係者は「途上国には、自らが所有する遺伝資源とバイオテクノロジーによって多大な利益が得られるはずだとの共通認識があった。途上国が多様性条約を支持したのは、この巨大な利益の一部が自国に還元されることを期待したからだ。だが、一方で、バイオテクノロジーで生み出された動植物が自国内に持ち込まれ、生態系に悪影響を及ぼすことへの恐怖も大きかった」という。途上国は、先進国の企業によって自らの生態系や国民が、新たな遺伝子組み換え作物などの実験台にされるのではないかと懸念した。

このため条約には、バイオテクノロジーによって改変された生物が環境上の悪影響を与える恐れがある場合、その「利用および放出に係る危険」を規制し、管理する、という一項が盛り込まれている。さらに「バイオテクノロジーの取扱いおよび利益の配分」という特別の条文を作り、バイオテクノロジー研究への途上国の参加や、遺伝資源への公平なアクセスを担保する一方で、そこから得られる利益を公平に配分する仕組みづくりを進めることを盛り込んでいる。

アメリカの主張に配慮して、知的所有権を尊重する規定も盛り込まれたのだが、遺伝子組み換え生物が生態系や人間の健康に影響を与える恐れがあることへの言及や、先進国から途上国への技術移転の促進、研究への途上国の参加や利益の配分などに関する規定が盛り込まれたことに対して、アメリカは最後まで反対の姿勢を崩さなかった。

一九九二年の地球サミットでも、ブッシュ・アメリカ大統領は「多様性条約は生物工学の進歩を遅らせ、アイデアの保護を阻害する」と、条約がバイオテクノロジー産業への足かせになると批判し、条約に署名しない姿勢を宣言した。このアメリカの姿勢には各方面から批判が高まったが、ブッシュ大統領は「孤立してでも原則を守るのは難しいが、今こそ、そうすべきときだ。私は(署名拒否で非難されても)謝罪しない」と強硬だった。

ブッシュ大統領の支持母体の一つで、巨大な圧力団体である農業団体もこの条約への署名に反対していた。それには農産物に関する知的所有権の保護規定が不十分で、品種改良の基になった野生種などを所有する途上国が知的所有権を主張することへの懸念もあったのだが、条約で規制の対象とされた「外来種」の中に、アメリカで品種改良された家畜が含まれるとの突拍子もないうわさが流布したことも一因だったとされている。

この年に行われた大統領選挙の結果、民主党のクリントンが新たに政権に就いた。クリントン新大統領は一九九三年の四月、アースデーを記念する演説の中で、ブッシュ前大統領の方針を転換して条約に署名することを表明し、アメリカは六月四日、他の主要国に一年遅れで条約に署名した。クリントン大統領は条約の批准を上院に求めたが、共和党を中心にこの条約への拒否感は依然として強く、条約の批准はずっと棚ざらしになっている。

アメリカは条約を批准しなかったが、日本およびヨーロッパの主要国、発展途上国の批准で生物多様性条約は一九九三年一二月に発効し、国際的な生物多様性保全に向けた取り組みが本格的にスタートした。

二〇一〇年四月現在、条約の加盟国は一九三カ国に上り、未批准国はアンドラとバチカンというヨーロッパの二つの都市国家とアメリカだけ、という状況だ。

利益の配分

生物多様性条約の大きな「宿題」は、遺伝資源の利用によって得られるさまざまな利益の公平な配分の問題だ。これは条約の三つの目標の一つである。

医薬品や有用な化学物質の中には、生物がいなければ開発できなかったものが非常に多い。中には、森の中の動植物を医薬品などとして伝統的に利用してきた先住民の知識が手掛かりになることも少なくない。だが、ヒントを与えてくれた先住民にその利益が還元されることはほとんどない。

遺伝資源を基にして開発された化学物質や医薬品などから得られる利益が遺伝資源の原産国に還元されれば、それは原産国での生物多様性保全を促進することにつながる。逆に、利益が適切に還元されないことがわかれば、多くの原産国は先進国の企業などが自国の資源にアクセスすることを拒否し、有用物質の開発が進まなくなる。保全のための技術や資金も不足しがちな途上国がこのようにして、自国の遺伝資源を囲い込んでしまえば、もしかしたら非常に有用な医薬品の材料になったかもしれない生物多様性が、気付いたら失われていた、ということにもなりかねない。公平な利益の配分が重要になるのはこのためだ。

バイオパイレシー

生物多様性条約が制定され、各国の意識が高まってからは少なくなったものの、原産国に無断で生物や種子などの遺伝資源を研究材料として持ち出すケースもある。これはバイオと海賊行為を組み合わせて「バイオパイレシー」と呼ばれる。

第4章で紹介した殺虫効果などを持つ樹木、ニームももともとはアフリカ原産だったものが、南アジアを中心に利用方法の研究が進み、中には特許の対象となったものもある。そのためアフリカの市民団体などから「バイオパイレシーの典型だ」と批判が上がった。

アメリカの大学と製薬会社は、フィリピンのイモガイという巻き貝の一種から鎮痛剤を商品化し、最初の一年だけで八千万ドルという大きな利益を上げたが、その開発に協力したフィリピンやアメリカの研究機関が、地元の漁民への事前の説明や同意なしに、ただ同然の価格でイモガイを集めてもらっていたことが明るみに出て、やはり「バイオパイレシー」だと批判を浴びたこともある。

フィリピンの人々にとって、バイオパイレシーを思い起こさせるもっと有名な例がある。それは、抗生物質「エリスロマイシン」の開発にまつわるものだ。この抗生物質は、一九四〇年代末にフィリピンの化学者がアメリカの製薬会社に送った土の中に含まれていた菌の代謝産物から分離された。製薬会社は、化学者が土を採取した町の名前、イロイロに因んで「イロソン」という商品名で売り出し、ペニシリンにかわる新たな抗生物質として莫大な利益を上げた。だが、この化学者もフィリピン政府も地元の町も、その利益の還元を受けることはなかった。与えられたのは、名前だけである。

筆者は二〇〇五年にイロイロの町を訪れ、フィリピンの水産学会に出席した。会場にいた研究者からこの話を聞かされ、これが地元の人々にとって、いまだに忘れられない出来事であることを思い知らされたのだった。

天然の医薬品

利益の配分を巡って原産国と開発者の間で時に激しい論争が繰り広げられるのは、地球上の生物多様性がいかに、人類に大きな恩恵をもたらしてくれているかの証拠でもある。

日本でも広く栽培されているニチニチソウは、マダガスカル原産の植物で、先住民はこれを伝統的に医薬品として利用してきた。フランスの製薬会社が、ニチニチソウから取れるアルカロイドの一種に抗がん作用があることを発見して開発した薬剤は、ビノレルビンという名前で広く使われている。

乳がんや卵巣がんの治療に広く用いられ「二〇世紀最良の抗がん剤」と言われるタキソールは、イチイという木の樹皮から抽出された物質から開発された。今では人工合成ができるようになったが、イチイの木はこのことが一因となって各地で伐採されたために数が減り、二〇〇四年にワシントン条約の規制対象種となっている。

カが媒介する原虫によって起こるマラリアは、熱帯の国々を中心に感染者が数億人に上り、年間二五〇万人もの命を奪っている重大な感染症だ。マラリア薬の多くは天然成分から製造され、ここでも先住民の知恵がヒントとなっているものが少なくない。副作用が強いために今ではあまり使われなくなったが、以前は広く使われていた物質にキニーネがある。これは南米アンデス山地が原産のキナという木の樹皮から取れる物質で、先住民によって伝統的な医薬品や解熱剤として古くから使われてきた。キニーネの化学構造が解明され、人工合成ができるようになったことが、その後のマラリア薬開発上の大きな手掛かりになった。

キニーネと同様、天然成分由来のマラリア薬として近年、注目を集めているものに、アーテスネートがある。これは中国の伝統的医薬品をヒントに開発された新規のマラリア薬で、メフロキンなど現在の主流になっているマラリア薬に耐性を持つ原虫が多くなってきた中で、各国の専門家の注目を集めている。アーテスネートは、クソニンジンというちょっと気の毒な和名が付けられているヨモギの仲間の植物から抽出される。既存のマラリア薬と併用すると、耐性のある原虫にも大きな効果があることがわかり、世界保健機関（ＷＨＯ）が、アーテスネートの使用を推奨するまでになっている。

日本でも、筑波山中の土壌細菌が生産する物質から免疫抑制剤が実用化され、臓器移植を受けた患者の拒絶反応を抑制する薬として大きな注目を浴びたことがある。遺伝資源の原産国は発展途上国が多いが、日本もひょっとしたら、大きな利益をもたらす遺伝資源の原産国となるかもしれない。海外の企業がそれを基に大きな利益を上げたのに、それがまったく日本に還元されなければ、やはり良い気持ちはしないだろう。

特許の開発と利益配分

ダイエットのための健康補助食品の原料となる「フーディア」に関する話もよく知られている。フーディアはガガイモ科の多肉植物で、アフリカのナミビアやアンゴラなどのナミブ砂漠に自生している。地元の先住民はこのフーディアに食欲抑制効果があることを知っていて、遠くまで狩りに出掛ける時にはかならず、このフーディアを持っていったという。遠くまで行ってせっかく手に入れた獲物を、村へ帰り着くまでにおなかが空いて食べてしまった、ということがないようにするためだという。

一九八〇年代に南アフリカの研究機関が、フーディアから食欲抑制物質を抽出することに成功し、一九九五年に特許を取得した。その後、さまざまな経緯を経て、アメリカの企業が食欲抑制剤を販売して大きな利益を上げたことがメディアなどで取り上げられ、先住民への利益の配分を求める声が世界的に高まった。結局、特許料で利益を得た研究機関と先住民との間で、利益を配分する協定が結ばれたが、これはきわめて例外的なケースだ。

先進国の企業に与えられる特許権と、そこから得られる莫大な特許料収入がしばしば問題になる。南米パラグアイ原産のキク科の植物から得られる天然甘味料として日本でも広く利用されているステビアに関連する特許を、アメリカのコカ・コーラ社とカーギル社が申請して話題になったこともある。開発者側にしてみれば、時には膨大な研究費や時間と手間を掛けて、有用物質を突き止め、商品化した努力の結果が「特許」として認められるのは当然のことで、これがなければ研究のインセンティブがなくなり、技術進歩が阻害される、ということになる。生物多様性条約の交渉において、アメリカが知的所有権の保護にこだわり、ついには批准を拒否したのも、これが理由の一つだった。

アメリカが加盟する日

利益の配分に関する議論はなかなか進まなかったが、二〇〇二年には強制力のない「ボン・ガイドライン」がまとめられた。それ以後、これを強制力のある議定書にする方向で議論が進んでいる。

「ボン・ガイドライン」を基にした議定書がまとまり、各国の法整備が進めば、生物多様性条約が抱えてきた大きな「宿題」が完成することになり、今ひとつ抽象的で実質的な効果があいまいだとされている条約の実効性も、徐々に上がってくると期待される。

当初は、条約採択当時のアメリカ国内の企業のように、利益配分の国際協定の策定に拒否感を示す企業が多かった。だが、利益を、利用者と原産国との間できちんと議論して決めるという建設的な方向に進み、同時に、各国内の遺伝資源への公平で差別のないアクセスも保証される方向となってきたため、企業の理解も進んできた。

新たな議定書策定のための作業部会の議長の一人、カナダのティモシー・ホッジスさんは「利益の配分と同時に、遺伝資源への公平なアクセスが保証されるようになれば、企業がいちいち原産国と個別の交渉をする、といった面倒な手続きが省略できる。企業にとっても国際協定ができることはプラスになるし、先進国だって、いつ遺伝資源の原産国となるかもしれないのだから、協定は途上国のためだけのものではない」とその意義を語っている。

あるアメリカの専門家は、「条約採択当初にアメリカによって提起された生物多様性条約の問題点が徐々に整理され、条約が何を目指し、各国政府や産業界に何を求めようとしているのかが、明確になってきた」と指摘する。アメリカ政府が一九九二年当時に条約の署名や批准を拒否した理由の一つは、条約の条文があまりに抽象的で、規定が拡大解釈されたり、各国の間で解釈が異なったりすることへの懸念が大きいことだった。「品種改良された家畜が外来種として規制対象にされる」などといううわさも、条約の条文のあいまいさに端を発したといわれている。議定書によって各国の義務などが明確になってくれば、アメリカ国内の拒否感も徐々に薄れ、批准に向けた動きが出てくるだろう、というのがこの専門家の見方である。アメリカのバイオテクノロジー企業の中にも、条約と議定書の外部にいることが、条約加盟国の遺伝資源を利用するうえでマイナスになるとの懸念も出てきているという。

生物多様性条約のアフメド・ジョグラフ事務局長も「家畜が外来種とされるはずもないし、条約の歴史が積み重なる中で、条約への加盟がアメリカにとってプラスになりこそすれ、何のマイナスもないとの理解は広がってきた。アメリカ加盟の障害はほとんどなく、そう遠くない将来に加盟してくれるはずだ」と期待を語る。

アメリカが条約の加盟国となる日、それは生物多様性条約が、真の意味での国際的な協定として、地球上の生物多様性保全と持続的な利用の実現に踏み出す日となるだろう。

2　ビジネスと生物多様性

退場要求

「ノルウェー財務省はリオ・ティントグループを公的な年金基金から除外することを決めた。深刻な環境へのダメージを引き起こしたことがその理由である」——。二〇〇九年九月、ノルウェー政府は声明を発表し、保有していた巨大多国籍鉱山会社、リオ・ティントの株式約八億ドル分を基金の運用対象から除外し、売却すると発表した。ノルウェー政府は、同社がインドネシアのグラスバーグという鉱山で、一日に二三万トンという大量の排水を河川に流していることなどの問題点を指摘し「企業の行動が近い将来に変わる兆しは見えず、自然や環境へのダメージを大幅に減らす対策がとられるとも思えない」と、同社の姿勢を厳しく批判した。これに先立つ二〇〇六年には、同様の理由で大手鉱山開発企業、フリーポート社を基金の運用対象から除外し、すべての株式を売り払っている。

環境と金融の問題に詳しい国連環境計画（UNEP）金融イニシアティブの末吉竹二郎特別顧問は「例えば、鉱山自体への投資は利益が上がるものとわかっていても、環境保全に逆行する事業への投資は行わないという「社会的に責任ある投資」の原則を採用する金融機関が世界的にはどんどん増えている。地球温暖化や生物多様性への配慮を怠った企業は、投資家から退場を迫られる時代になった」と分析する。

欧米の金融機関やノルウェー政府の年金基金のような機関投資家の中には、国連が提唱する「責任ある投資原則（ＰＲＩ）」に署名して、温暖化や生物多様性への配慮を投資に関する意思決定の際に尊重することを明言するものや、自ら生物多様性に関する投資のガイドラインを定めるものも増えている。

ビジネスのリスク

アメリカが生物多様性条約を批准しない理由の一つとしたバイオテクノロジーの推進、遺伝資源の所有権、それを基に開発されたさまざまな有用物質の知的所有権の問題、利益の公平な配分をめぐる激しい論争などは、生物多様性が企業活動にも直結している問題であることの証左である。生物多様性の保全と持続的な利用の問題は、個々の企業にとって避けては通れないものであり、生物多様性の損失につながる企業活動や原料の調達などが、ビジネスにとって大きなリスクとなりかねないものとなってきた。

ニューカレドニアやマダガスカルなどでは、鉱山開発を行う企業が環境保護団体によって厳しく批判され、時には希少動物の保護や森林の植林を新たに行う「生物多様性オフセット」などの対応を迫られたりしたことはすでに紹介した。

よく知られているのは、アメリカ、カリフォルニア州の鉄道会社、ユニオン・パシフィックが国有林で引き起こした山火事で、生物多様性の損失のために巨額の損害賠償が求められた事例である。二〇〇〇年に同州北部の国有林で、同社の作業員の不手際が原因で二・一万ヘクタールに及ぶ山火事が発生した。その責任を問われ、二〇〇八年七月、同社は訴訟で一億二〇〇〇万ドルという巨額な賠償金を支払うことで政府と合意した。山火事に関する損害賠償の歴史上、過去最大の金額だという。この賠償金のうち消火に要する費用は二二〇〇万ドルだけで、残りは手厚い保護を受けていた原生林が大きなダメージを受けたことに対する賠償だった。

アメリカ法務省はプレスリリースの中で「アメリカの市民には、山火事で破壊された木材の価格だけでなく、失われた森林の特別の価値に対する損害の賠償を受ける権利がある」「八千万ドルは、アメリカ市民が再び、この手付かずの森を楽しむことができるようにするために、政府が行う森林保護区での景観や森林生態系の復元に充てられる」とした。

森の木々には木材としての価値を超える大きな価値があるということ、つまり生態系サービスに対する認識が広がりつつあることを示しているといえる。

工業	金融	技術・ビジネスサービス業
×		
×	×	×
×	×	×
×	×	×
×	×	×
×	×	×
×	×	×
	×	×
	×	×
	×	

巨大なリスク

世界の指導者やビジネス界のリーダーらが集まって開かれる世界経済フォーラムの二〇一〇年の年次総会（ダボス会議）に、著名なコンサルティンググループ、プライスウォーターハウスクーパースの研究グループは、生物多様性関連のリスク管理についての報告書を提出した。その中で「二〇〇八年に生物多様性の損失と生態系の劣化によって世界が被った経済的なコストは二兆〜四・五兆ドル、世界の国内総生産（GDP）の三・三〜七・五％に上る」との試算を発表している。経済的な損失として例示されたのは、第1章で紹介したミツバチの消失による授粉障害や、外来種による農作物の被害などである。

報告書は、農産物の収量の減少といった直接的なリスクのほかに、山火事訴訟の賠償金や漁獲枠の削減などの「規制に関するリスク」、消費者の要求が厳しくなるという「市場に関するリスク」、

表5–1　生物多様性のリスクと影響を受けやすい産業セクター（プライスウォーターハウスクーパースによる）

	1次産業	公益事業（電気・ガス・水道など）	消費財	サービス業	健康・医療関連
物理的リスク					
生産性の低下	×	×	×		×
資源の希少化と価格の上昇	×	×	×	×	×
活動の障害	×	×	×	×	×
規制や法的なリスク					
土地や資源へのアクセスの制限	×	×		×	×
訴訟	×			×	
割当量（漁獲枠など）の削減	×	×	×		
支払いや賠償の制度化	×	×	×	×	
市場のリスク					
消費者の好みの変化	×	×	×		
調達上の要求	×			×	×
その他のリスク					
評判のリスク	×	×	×	×	×
資金調達金融のリスク	×	×			
サプライチェーンのリスク			×	×	×

資金の調達に関して投資家からの要求が強まるという「資金調達上のリスク」、企業の評判が傷つくリスクなど、多種多様なリスクを挙げている（表5–1）。

一九九四年、筆者はカナダ・ブリティッシュコロンビア州の州都、ビクトリアがあるバンクーバー島の原生林の伐採問題を取材した。この島にわずかに残されたクレイコットサウンド地域の原生林を大規模に皆伐しようとした林業会社、マクミランブローデル（当時）が、グリーンピースなどの環境保護団体に厳しく批判され、各地でデモや座り込みなどが毎週のように行われていた（本章扉写真）。この会社は、環境保護団体や先住民団体から批判を受けている企業から原料を購入していることを理由に、イギリスの主要な取引先二社から購入契約の中止を通告され、一夜にして年収の五％を失う結果となった。同社はその後、この地域での皆伐を断念し、先住民と共同で新たな林業企業を設立し、厳しいガイドラインに基づいた森林伐採を行って「持続可能な森林経営を行っている」との国際的な認証を受けた木材を出荷するまでになっている。

前述の報告書は、この事例や本節冒頭のノルウェーのリオ・ティント社の例のほか、オーストラリアのビクトリア州で「ブッシュブローカー」という生物多様性保全に関する規制が導入された結果、森林などを伐採した企業が一ヘクタール当たり四万二千〜一五万七千オーストラリアドルの出費を求められた例などを紹介している。

カナダの例は「評判のリスク」、ノルウェーの例は「資金調達上のリスク」、オーストラリアの例は「規制のリスク」に該当する。

リスクをチャンスに

だが地球温暖化問題と同様、生物多様性のリスクは企業にとってのビジネスチャンスでもある。

二〇〇八年三月、ＩＵＣＮと石油会社シェルは共同で「生物多様性ビジネスの構築」というタイトルの報告書を発表した。「生物多様性ビジネス」とは「生物多様性の保全や生物資源の持続的な利用、得られる利益の公平な配分を進めることによって、民間企業が利益を生み出そうとする活動」と定義されている。

報告書によると、今後、成長が期待されるのが、有機農産物や生態系に配慮した木材や水産物の生産だ。市場規模に占める比率はまだ五％程度だが、この分野は既存の製品の市場の四倍のペースで成長している。

これに関連するのが、生物多様性や生態系に配慮した製品であることの「認証」ビジネスである。持続可能な経営を行っている林業者であることや、そこから生み出された林産物であることを第三者機関が認証して、商品に認証ラベルを貼る「森林管理協議会（ＦＳＣ）」という仕組みや、同様に資源管理に配慮した漁業やその製品を認証する「海洋管理協議会（ＭＳＣ）」が、欧米を中心に消費者や企業の関心を集めており、これに関わるビジネスは急成長している（写真）。

FSC のマークが付いた木材製品

MSCのラベルが付いたカツオのセール

また、第4章で紹介したREDDや、植林によって二酸化炭素の吸収量を増やしてこれを市場で売る「温室効果ガス排出のオフセット」ビジネス、環境に配慮した観光業「エコツーリズム」なども各国で急成長している。エコツーリズムの成長率は年間二〇～三〇%と、観光業全体の平均の九%を大きく上回っている。

さらに、多様な生物資源の中から医薬品や有用な化学物質を探索する「バイオプロスペクティング」がある。豊かな熱帯林を抱える途上国の政府と協定を結んで、生物資源の中から有用物質を探索する権利を獲得する企業なども増えており、二〇五〇年の市場規模は五億ドルにまで拡大するとの予測もあるという。

このほか、外来種の除去や自然再生、生態系の修復、事業に先立つ生物多様性の調査や環境影響評価、情報提供や普及啓発など多彩なビジネスがある。いずれも生物多様性の損失への人々の懸念が高まり、各国政府が規制を強化したり、自然再生に力を入れ始めたりしていることが成長の背景にある。

以上に加え、水域の保全や水関連のビジネス、ハンティングやスポーツフィッシングなどのレクリエーションビジネスなどを含めた生物多様性関連ビジネスの市場規模は、二〇〇六年には四二二億ドルだったが、二〇一〇年には九五二億ドルと二倍以上に拡大し、二〇五〇年には三二〇〇億ドルの巨大ビジネスになると予測されている。

報告書は「これまで生物多様性の保全はビジネス界にとって、利益を生み出すものというよりは、リスクや損害賠償の観点から考えられることが多かった。だが、生物多様性の損失への人々の関心が高まる中、この考えは急速に変わってきている」と現状を分析している。

オフセット市場

生物多様性関連ビジネスの中で、近年、国際的な注目を広く集めているのが、「生物多様性オフセット」と、そのための「クレジットバンク」の市場だ。

これらは、一足先に具体化しつつある地球温暖化関連ビジネスと似たような展開をたどっている。自社の温室効果ガスの排出を、植林や再生可能エネルギーなどへの投資によって「オフセット（相殺）」する「カーボンオフセット」の生物多様性版が「生物多様性オフセット」であることは第4章で紹介した。

生物多様性オフセットとは、できる限り小さくした後でも残る開発の影響を、何らかの形で計測し、別の場所での生態系の復元などの形で「相殺」することによって、実質的な「ロス」

をなくそうという制度で、アメリカやオーストラリアなどさまざまな国で制度化されている。これまできちんと経済的な評価を受けてこなかった生態系サービスを経済的に評価し、それを減少させるような行為を行う場合には、その代償を支払わせようという発想である。

気候変動に関する京都議定書に定められた制度に、「クリーン開発メカニズム(CDM)」がある。これは、先進国の企業や政府が、自国に比べて低コストで温室効果ガスの排出削減ができる発展途上国の排出削減事業に投資し、実際に削減された分を先進国の排出削減分に算入できるというもので、多くの国や企業がこれに関心を示している。この生物多様性版として考えられたのが「グリーン開発メカニズム(GDM)」という仕組みだ。

例えば、開発の際に破壊されるのと同じ価値の生態系や生物多様性の復元を求められた企業が、開発地域の周辺や自国内ではなく、遠く離れた発展途上国での生態系や生物多様性保全の事業に投資することで相殺することが認められる。また、発展途上国での鉱山開発などで生じた環境破壊の修復費用を、先進国からの資金の移転で賄うことも可能にする。いずれもCDMに似た発想である。

温室効果ガスはどこで出しても、どこで減らしても同じだが、生物多様性は地球上に一様に分布しているわけではなく、熱帯林やサンゴ礁など、発展途上国に多く残されている場合が多い。先進国で多額のコストを掛けて自然再生や復元を行うよりも、その資金でより効率的な生物多様性の保全ができる可能性がある、というのがGDMの考え方で、保全対策を行う優先地域を決めようという生物多様性のホットスポットの考え方とも共通するものがある。

もちろんそのためには生態系や生物多様性の価値を計る共通の基準などを作る必要があり、出資された資金がきちんと保全に使われ、効果が上がったことを監視する制度が必要になる。温室効果ガスの場合、排出量や削減効果を検証する国際機関が設置されているが、生物多様性に関する共通の基準を作ることは非常に難しく、これがGDMを実施する上での大きな難題となる。それでも、生物多様性オフセットなどの経験が積み重なる中で、指標づくりの研究も急速に進んでいる。

クレジット

温室効果ガスの場合、実現された削減分を「排出枠(クレジット)」として国際市場で売買する「排出量取引」の制度が欧州連合(EU)諸国をはじめとする各国で始まっている。生物多様性の場合もこれにならって、ある場所で実施した生物多様性保全や生態系復元などの「価値」を、温室効果ガス排出枠と同様の「生物多様性クレジット」として蓄えて、それを売買する取引市場が考えられ始めている。

また、すでに多くの国で制度化されつつある生物多様性オフセットの動きを、CDMのように国際的なものとし、先進国から途上国への資金の流れを作ろうという提案や、京都議定書が先進国の温室効果ガスの排出量について行ったように、各国に一定の生物多様性保全のための義務を課し、これを自国内だけで達成できなかった場合には、途上国などからの「クレジット」を購入して達成することを義務付けようという制度など、さまざまな仕組みが議論されている。二酸化炭素の排出量に応じて税金を課す炭素税のように、生物多様性の損失につながる行為には一定の比率で「税金」を課して企業などから徴収し、これを途上国での生物多様性や生態系保全事業に回そうという構想も語られ始めた。

予想を超える市場規模

二〇一〇年三月に、国連開発計画（UNDP）や環境保護団体などが出資してつくる非営利の研究組織「エコシステムマーケットプレイス」は「各国や州の政府が実施を義務付けている生物多様性オフセットプログラムはすでに三九件、実施に向けた準備が進んでいるものがこのほかに二五件ある」などとする調査報告書を発表した。

調査結果によると、年間の市場規模は少なくとも一八億～二九億ドルに達し、自然再生などの対象となった土地はデータが得られたものだけでも年間八六万ヘクタールに上った。アメリカでは湿地や絶滅危惧種の生息地に関するオフセットが中心で、カナダでは漁業の対象になる魚などの生息地や湿地に開発者が悪影響を与えた場合に、代償措置をとることが義務付けられている。

これらの制度は先進国だけでなく、発展途上国にも広がりを見せており、二〇二〇年に生物多様性オフセットの市場規模は現在の二倍以上に成長すると予測されている。

オフセットプログラムの中で作り出された「自然の価値」を、金銭と同じように「貯金」し、必要に応じて引き出して使うのが「種のバンク」「代償バンク」と呼ばれるもので、「生物多様性クレジット」の売り手と買い手の仲立ちをするこのような「銀行」が各地で設立されるようになった。すでに世界各国にはこの種の「銀行」が六〇〇以上も設立されているという。

アメリカでは、ノーネットロス政策を実現し、効率的な生物多様性オフセットを実現するために、生態系を対象とする「ミティゲーションバンク」と、絶滅危惧種を対象とする「コンサベーション(保全)バンク」の二つが作られ、インターネットなどを通じて「生物多様性クレジット」の購入希望者への情報を提供している。同様に、ノーネットロスと生物多様性オフセットが義務付けられているオーストラリアのニューサウスウェールズ州には、「バイオバンク」がある。

この調査に従事した研究者が「生物多様性オフセットがこれほど進んでおり、バンクの数がこれほど多いとは思わなかった」というほどの隆盛ぶりである。

二〇〇四年には、国際機関やアメリカやカタールなどの政府、環境保護団体、企業など四〇を超える団体が参加して「ビジネスと生物多様性オフセットプログラム(BBOP)」という組織が結成され、国際的に統一された生物多様性オフセットの基準作りや、成功例を集めて紹介することなどに取り組んでいる。

前述の報告書で調べられたのは、政府が法律などで義務付けたことで動いている生物多様性オフセットだけだが、世界にはこのほかに、企業や行政が自主的に行う生物多様性オフセットもあり、実際の市場規模はさらに大きいと考えられている。

第1章で紹介したスタンフォード大学のデイリー教授はしばしば講演で、世界の政府開発援助(ODA)に占める生物多様性保全や環境保護に関連する援助の割合をグラフで紹介する。二〇〇五年に一二〇〇億ドルを超えた世界のODA予算の中で、生物多様性や環境関連のものは長年数十億ドルで推移している。グラフにしたら、ほとんど読み取れない。これでは、急速に進む生物多様性破壊を食い止めることはできない。「これまで評価されてこなかった生物多様性という貴重な財やサービスの生産に対して、きちんと報いることができるような新たな政策と資金提供の仕組みを作り出すことが必要だ」というのがデイリー教授の指摘だ。市場メカニズムを利用したGDMなどの動きはまだ始まったばかりだが、新たな資金の流れを作る仕組みとして期待する声は年々、大きくなってきている。

先に紹介したシェルとIUCNの報告書も「各国政府などによって年間二〇〇億ドルもの資金が自然保護関連に使われているにもかかわらず、生物多様性の損失の流れを食い止めるには不十分である」として、現在、生物多様性損失の大きな力になっている「市場の力」を逆に利用することを提案し、生物多様性保全から企業が利益を得られるような仕組みを作り、民間の投資の流れを変えること、そのための経済的なインセンティブを作り出すことの可能性に期待を表明している。

遅れる日本

温室効果ガスの削減技術の導入や排出量取引、再生可能エネルギーといった地球温暖化関連のビジネスが急成長する中で、関係者の間から「日本の企業の取り組みは遅れている」との指摘を耳にすることが少なくない。

日本の温室効果ガスの削減対策は、長い間、企業の自主的な取り組みを中心に組み立てられ、EUやアメリカのカリフォルニア州などのように、政府による削減義務や、再生可能エネルギーの利用の義務付けなどは行われてこなかった。法律でノーネットロス政策や絶滅危惧種の保護が厳しく義務付けられたことが、生物多様性関連ビジネスの隆盛につながったことからもわかるように、環境関連のビジネスの成長は、政府の厳しい規制の導入と表裏一体になって起こる。

日本の場合、温暖化対策同様、生物多様性保全に対する政府の規制は不十分で、企業の生物多様性保全に対する取り組みも遅れが指摘されている。

シンクタンクの富士通総研が日本の主要企業一〇〇社の取り組みを分析したところ、生物多様性に関するガイドラインや方針などを策定していたのはわずか九社、生物多様性問題を原料などの調達方針に反映させているのは六社に過ぎなかった。企業の環境報告書などで、生物多様性に言及していない企業が二五社もあったという。

その結果、海外で急速に進展する生物多様性関連ビジネスの流れから、日本の企業が遅れを取るのではないかとの懸念が高まっている。日本の企業も出資しているマダガスカルでの鉱山開発で生物多様性オフセットが実施されたことからも、特に海外に展開する日本の企業にとっては、生物多様性に関連するリスクをきちんと管理し、ビジネスチャンスを見いだしてゆくことは切実な課題である。

ゴリラと「森の肉」

「コンゴ川流域の各国で、ゴリラなど希少な動物が多数殺され、保護区の中では違法な森林伐採や鉱物資源の採掘が行われている。このままでは一〇年後には、主要な生息地からゴリラはほとんどいなくなってしまうだろう」――。国連環境計画(UNEP)のゴリラの専門家、イアン・レドモンド博士は二〇一〇年三月、ワシントン条約の締約国会議が開かれていたカタールのドーハで、コンゴ民主共和国などでのゴリラの生息状況に関する調査報告を発表し、こう警告した。

内戦が続くこの国では、中央政府の力はほとんど地方には及ばず、民兵組織が支配する地域が多い。国立公園や保護区の中でも、違法な森林の伐採や金、タンタル、スズといった鉱物の採掘が日常的に行われている。森林や鉱山で働く労働者の食料として、森にすむゴリラなどの動物の肉、「ブッシュミート(森の肉)」が配られることが多い。ブッシュミートの一部は都市部にも運ばれて店先に並ぶ。ゴリラの子供がペットとして海外に輸出されたこともあるという。

絶滅が心配されているゴリラ(UNEP/イアン・レドモンド博士提供)

今のペースで森林破壊が続くと、二〇二〇~二五年にはゴリラが生活できる森林は現在のわずか一〇%になる。レドモンドは「違法な木材や鉱物が、多国籍企業などによってEUやアジアに輸出されている」と指摘。「これらの製品を買うことは、間接的にゴリラの絶滅に手を貸すことになる」という。

終　章　自然との関係を取り戻す

生息地の保護に多額の資金が必要になった絶滅危惧種のハエ（アメリカ魚類野生生物局提供）

ハエの価値

英語の表現に「軟膏の中のハエ」というものがある。小さなハエが入っていたために、膏薬全部がだめになるという意味で、旧約聖書中の話に起源を持つ。日本語でいえば「玉にきず」に近い表現だろうか。アメリカのカリフォルニア州、ロサンゼルスの近く、コルトンという小さな町で、まさにこの膏薬中のハエを地でいくような出来事が起こった。

この町の病院の建設予定地周辺に、体長三センチほど、花の蜜を吸って生きる小さなハエ(本章扉写真)の生息地があることがわかった。この虫の生息地はすでに九八%が破壊され、国の法律で絶滅危惧種のリストに掲載されていた。残された三ヘクタールたらずの生息地を守るために、病院は計画の変更を余儀なくされ、四〇〇〇万ドルの追加出費を迫られた。

第5章で紹介したアメリカのコンサベーションバンクの中で、このハエの生息地には、一エーカー(約〇・四ヘクタール)当たり一〇万〜一五万ドルというとてつもない価格が付いている。面と向かって問われたら、ほとんどの人は、何の役にも立たないと思われる小さなハエのためにこれだけのお金を払おうとはしないだろう。

だが、人間活動の結果、多くの生物種が絶滅の危機に追い込まれる中、たった一種類の小さな虫の存在が、人間に対してこれだけの経済的負担を迫るまでになったのである。

自然の恩恵はただではない

生物多様性保全のためには、これまでの経済と価値の在り方を根本的に見直さなければならない。これまで「ただ」だとみなされてきた生態系サービスを適切に評価し、それを企業や行政、われわれの日常生活の中での意思決定に取り入れること、そのためのさまざまな仕組みを作り上げることである。温室効果ガスを出し放題に出して商品を生産し、利益を上げることができなくなってきたのと同様に、生態系サービスをただで享受し、その源泉となる生物多様性を破壊しても、なんの負担もしないでいいという時代は過去のものとなった。生物多様性を破壊する者はその代償を支払うことを求められ、生物多様性を守り、育てる努力をした者は報酬が得られるような社会と経済づくりに向けた動きが芽生えている。

世界自然保護基金(WWF)の「生きている地球レポート」の指摘を待つまでもなく、われわれ人類が環境に残す「足跡」はどんどん大きくなり、現在の人類の消費生活は地球の許容力を超えてしまった。にもかかわらず、われわれは昔と同様に「自然の恩恵はただ」という認識の下に、日々の暮らしを続けているのである。

この流れを押し戻そうと、さまざまな取り組みが行われ、REDDや生物多様性オフセットなどの革新的な試みが芽生えてきた。漁業の世界で長い間、「自分が捕らなくても、隣の漁船が捕ってしまうのだから、自分ができる限り多く捕った方がいい」という操業が続けられ、世界各地での漁業資源の減少を招いてきた。だが、今、多くの国で、漁船一隻一隻に漁獲量を割り当て、場合によってはこの漁獲枠を漁業者間で取引できるような制度が導入された結果、乱獲に歯止めがかかるようになった。これも、規制と市場メカニズムを利用した革新的な試みの一つである。政府による適切な規制とそれに応える産業界の積極的な取り組みによって、これらの動きを広げていくことが欠かせない。

スタンフォード大学のデイリー教授は『The New Economy of Nature』という著書の中で、「人間活動の影響が地球の許容力を超えてしまい、それを修復するための時間はどんどん少なくなっているという科学者の認識の高まりとともに二一世紀は始まった。われわれは自然が支えることができるものを超えて暮らしている。これを続けられないということは知っているのに、われわれの行き方を変えようとの計画は何もなされていない」と危機感を表明している。生物多様性は危機的状況に置かれていて、われわれに残された時間は、多くはないのである。

生物多様性の保全を考える上で大切なのが、地球上の生物多様性は誰のものか、という問いである。

生物多様性条約は、各国に存在する遺伝資源への主権を認め、その半面、各国が自国内の生物多様性を保全する責任があるとの立場をとっている。だが、このような枠組みによって、生物多様性の保全がきちんと進んだとはいいがたい。条約事務局は二〇一〇年五月に発表した報告書の中で、加盟各国が掲げた「二〇一〇年までに生物多様性の損失速度を顕著に減らす」との目標は達成できなかったことを正式に認めた。

2010年3月，カタールのドーハで開かれたワシントン条約の締約国会議．クロマグロの取引禁止の可否が大きな議論になった．

どこの国の主権も及ばない公海の生物多様性も、乱獲や海洋汚染などによって急激に失われている。公海の漁業では、明日の資源のために自分の漁獲量を少なくしようとのインセンティブは働かず、多くの漁業者が自らの利益を最大にしようとしてきたためだ。「コモンズ(共有地)の悲劇」と呼ばれる現象である。

国際社会はこの世界人類の共有財産である公海の生物資源を適切に管理し、持続的に利用してゆく術をまだ、確立していない。ワシントン条約で、国際取引を禁止するべきだ、との議論が持ち上がり、クロマグロの資源をどのような手法で管理するのかで世界が真っ二つに割れて対立したケースは、この典型例である(写真)。

絶滅が心配されているクロマグロ
(アメリカ魚類野生生物局提供)

スリナムの豊かな熱帯林は、確かにスリナムの人々のものである。だが、スリナムの森は大量の二酸化炭素を吸収し、水資源を保持することで、世界の気候の安定や水の循環に大きな貢献をしている。同様に、コスタリカのユニークな森やそこに暮らす生物はコスタリカの人々だけのものではないし、ルワンダの森に暮らすゴリラも世界共通の貴重な財産である。生物多様性のホットスポットの多くが、国連教育科学文化機関(ユネスコ)の世界自然遺産に登録されているのは偶然ではなく、研究者の間には、ゴリラなどの希少な動物を「生きる世界遺産」として国際的に保護するべきだとの意見もある。

ウィルソンが「複雑に縫い合わされたタペストリー」と呼んだ地球上の生物多様性は、網の目のようにつながりあい、巡り巡ってわれわれに豊かな生態系サービスを提供してくれるのであるから、それはやはり人類の共有財産だと考えるのが正しいであろう。

「コモンズの悲劇」は深刻だが、すべてのコモンズがだめになり、劣化してしまったわけでもない。日本の里山や熱帯林の先住民のコミュニティ、またホットスポットの一つ、インドの西ガーツ山脈周辺では、農業活動によって豊かな生物多様性が保たれてきた。そこに生活する人々は、その地の生物多様性に対する「オーナーシップ」を持っており、現在の生態系サービスが過去の世代の努力の結果であること、自分たちも後の世代のためにこのサービスを維持する努力をしなければならないことをきちんと認識していた。

今、われわれにとって重要なことは、地球上の生物多様性に対する「オーナーシップ」を持つことであると思う。はるか彼方、ルワンダの森も、カリフォルニア州の小さなハエも、自分たちにとってかけがえのない生態系サービスの源泉であり、自分たちもその一部である地球上の生物多様性を構成する重要な要素の一つなのだ。地球上の生物多様性は、われわれ一人一人の「持ち物」なのである。この価値をきちんと認識しないことは、自分自身の価値を貶めることであり、これを粗末にすることは、自分自身を大切にしないことにほかならない。

われわれにできること

生物多様性保全のためにわれわれ一人一人が日常生活の中でできることを見つけるのは、難しいことのように思われる。だが、実はそうでもない。

エネルギー消費のむだをなくして効率のよい製品を選び、二酸化炭素や放射性廃棄物を出さない再生可能エネルギーの利用を進め、自家用車や飛行機の利用を少なくして、自転車や公共交通機関を利用する。環境に悪影響の少ない製品を選ぶ。時には、お金を出して環境保護団体の活動を支援し、植林などのカーボンオフセットのクレジットを買ってみる。年賀状もカーボンオフセット付きのものにしてみよう。

地球温暖化対策の中で語られるこれらの行動はすべて、生物多様性保全にも同時に貢献するはずだ。重要なことは、地上にわれわれが残す「足跡」を小さくし、地球の生態系の許容範囲の中で豊かな暮らしを実現することなのである。

われわれの日常生活や目の前にある製品が、どのような形で生産され、場合によっては海外の生物多様性にどのように関連しているのかを知る努力も必要になってくる。

原材料名には「植物油」としか記されていないが、われわれが日常的に口にするお菓子のなかには、アブラヤシのプランテーションから生産される「ヤシ油(パームオイル)」が使われている。だが、このアブラヤシのプランテーションの拡大が、東南アジアでの原生林の破壊の最大の原因になっているともいわれている。

携帯電話やパソコンには、タンタルという金属を利用したコンデンサーが非常に多く使われている。だが、このタンタル鉱石の採掘がアフリカ、コンゴ川流域で盛んに行われ、絶滅が心配されるゴリラの生息状況を極度に悪化させる一因となっていることを知る人は少ない。

知人のゴリラの研究者は「自分の携帯電話やパソコンの中に使われているタンタルが、ゴリラが生息する保護区内で違法に採掘されたものでないと自信を持っていえる人はほとんどいないだろう。先進国の便利な生活が、こんな形でアフリカの生物多様性の損失につながっていることへの認識を深めなければならない」と話している。

消費者に商品やサービスを提供する企業の責任も重大である。温室効果ガスの排出削減が重要な課題となり、企業は原料調達から生産、運搬、廃棄に至るまですべてのサプライチェーンを通じた温室効果ガスの排出量を把握し、どうすればそれを少なくできるかを考えることを迫られるようになった。生物多様性保全についても同様である。自らが調達する原材料はどこから来て、そこで生物多様性にどのような影響を与えているのか、運搬や使用の過程で悪影響が出ることはないのか、廃棄やリサイクルは生物多様性に配慮した形で可能なのか、といった具合である。原料調達から廃棄までの全過程にわたって生物多様性への影響の大小を把握し、それを可能な限り小さくする。どうしても避けられない場合は、オフセットをしたり、生物多様性クレジットを購入したりして、影響を避ける。企業にはそんな姿勢が求められるようになってきた。

それに適切に対応していないと、環境保護団体などから批判を受け、思わぬリスクを背負い込む。マクドナルド社は、ブラジルでの原料調達が熱帯林の破壊につながっているとして厳しく批判され、ネスレ社は、自社のチョコレート菓子に使用しているヤシ油がインドネシアなど東南アジアでの熱帯林破壊やオランウータンの生息地破壊につながっているとして批判にさらされている。

企業には、自らの活動が生物多様性に与える影響をきちんと把握し、その情報を消費者に開示してゆくことも求められている。販売する魚が違法に漁獲されたものでないことや、木材製品の材料が違法に伐採されたものでないことを証明すること。これらの活動は、生物多様性保全が重要な課題となっている今の社会の中で企業が果たすべき義務だといえる。

次世代のために

里山の森を大切にしていた人々は、森の木を切った後に、木を植えた。再び伐期を迎えるまでに四〇〜六〇年かかるのだから、この木は自分たちのものではなく、自分の子どもたちのものだった。

ニホンザルなどの研究で知られる河合雅雄さんは「現在伐採している杉や檜、あるいは里山の植物は、先祖からの遺産を利用しているということなのである。先祖によっていかされ、子孫のためにつくすという利他行為の精神が、里山維持の基本だということをしっかり心にとめることが大切である」と書いている。

里山の荒廃は、子孫のために豊かな生物多様性と生態系サービスを残すという精神が失われたことの現れである。豊かで便利な暮らしの中で、人間も生態系の一部であり、生物多様性と生態系サービスがなければ生きて行くことができないのだという当たり前のことを忘れてしまったのだろう。

生物多様性保全のためにはまず、人間も地球の生態系の一部であり、その恩恵なしには一日たりとも生きていくことができない、という当たり前のことを思い出すことが求められる。それは、かつて人々が持っていた自然と人間との関係を取り戻そうとする行為だともいえる。

昔に比べたら驚くような安い価格でベルトの上を回るクロマグロのすしを当たり前だと思って食べる生活を見直し、地元の魚や農作物を食べることを心がけること。コンピューターや携帯電話を手にする時に、遠いアフリカ、コンゴ川流域に暮らす人々や野生生物に思いを馳せること。われわれが使うその商品が、どこから運ばれてきたのか、どのようにして作られ、ここにたどり着いたのかを考え、わからなければ誰かに尋ねてみること。そんなところから始めてみようではないか。

＊　＊　＊

アフリカでの植林などに貢献し、二〇〇四年度ノーベル平和賞を受賞したケニアの環境運動家、ワンガリ・マータイさんは筆者とのインタビューで「生物多様性という科学的な言葉は難しい。これを神話の世界から日常生活の中に持ってこなければいけない。生物多様性は人間生活のすべてに関わっているのだから、すべての人がそのために何かができる」と語った。環境問題に長く取り組んできた筆者にとっても、生物多様性の持つ意味をわかりやすく解説することは困難な仕事で、この拙い著作でも、その目的を十分に果たせたとは思っていない。だが、せめて一人でも多くの人が、地球上の生物多様性が置かれた状況への危機感を共有し、日々の暮らしの中で何をしたらいいのかを考えるきっかけになればと願っている。

本書の内容の多くは、筆者が共同通信社の記者として行なった取材経験に基づくものである。長い間、職場を留守にして国内外の森や海に出かけ、連絡もおろそかという筆者のわがままを許してくれている共同通信社科学部の諸兄、的確なアドバイスで本書の内容の充実に貢献してくれた岩波新書編集部の千葉克彦さん、そして常に筆者を支え、励ましてくれる妻と二人の娘、貴重な情報を提供してくれる内外の研究者や環境保護団体の皆さんの協力なしには、本書を世に出すことはできなかった。最後になるが心からの感謝の気持ちを表したい。

参考文献

Biodiversity, E. O. Wilson 編, National Acamedy Press, 1988
The Living Planet in Crisis, J. Cracraft & F. T. Grifo 編, Columbia University Press, 1999
The Biodiversity Crisis, M. J. Novacek 編, New Press, 2001
The Future of Life, E. O. Wilson, Knopf, 2002
The New Economy of Nature, G. C. Daily & K. Ellison, Island Press, 2002
World Atlas of Biodiversity, B. Groombridge & M. D. Jenkins, Univeristy of California Press, 2002
Blue Genes, D. Greer & B. Harvey, Earthscan and IDRC, 2004
Biodiversity, C. Lévêque 他, John Wiley & Sons, 2004
Hotspots Revisited, R. A. Mittermeier 他, CI, 2005
The Unnatural History of the Sea, C. Roberts, Island Press, 2007
Witness to Extinction, S. Turvey, Oxford University Press, 2008
Sustaining Life, E. Chivian & A. Bernstein 編, Oxford University Press, 2008
The World is Blue, S. A. Earle, National Geographic Society, 2009
Hope for Animals and Their World, J. Goodall, Grand Central Publishing, 2009
The Wealth of Nature, J. A. McNeely 他, CI, 2009
スズメのお宿は街のなか—都市鳥の適応戦略，唐沢孝一著，中公新書，1989
バイオフィリア—人間と生物の絆，E. O. ウィルソン著，狩野秀之訳，平凡社，1994
生命の多様性，E. O. ウィルソン著，大貫昌子・牧野俊一訳，岩波書店，1995
種子散布—助けあいの進化論，上田恵介編著，築地書館，1999
自然再生事業—生物多様性の回復をめざして，鷲谷いづみ・草刈秀紀編，築地書館，2003
自然再生—持続可能な生態系のために，鷲谷いづみ著，中公新書，2004
日本の外来生物—決定版，多紀保彦監修，自然環境研究センター編著，

平凡社，2004
文明崩壊—滅亡と存続の命運を分けるもの，J. ダイアモンド著，楡井浩一訳，草思社，2005
生物多様性のいまを語る，岩槻邦男著，研成社，2009
動物たちの反乱—増えすぎるシカ，人里へ出るクマ，河合雅雄・林良博編著，PHP サイエンス・ワールド新書，2009
企業のためのやさしくわかる「生物多様性」，枝廣淳子・小田理一郎著，技術評論社，2009
魚のいない海，P. キュリー・Y. ミズレー著，勝川俊雄監訳，林昌宏訳，NTT 出版，2009
ハチはなぜ大量死したのか，R. ジェイコブセン著，中里京子訳，文藝春秋，2009
環境異変—地球の悲鳴が聞こえる，共同通信社編，共同通信社，2009
にっぽん自然再生紀行，鷲谷いづみ著，岩波書店，2010

報告書

Ecosystems and Human Well-being: Synthesis, MA & WRI, 2005
The Case of the $150,000 Fly, E. Cambell, Ecosystem Marketplace, 2006
The Science of Marine Reserves, Second Edition, PISCO, 2007
Valuation of Ecosystem Services & Strategic Environment Assessment, Netherland Commissions for Environment Assessment, 2008
The 2008 Living Planet Report, WWF, 2008
The Economics of Ecosystems & Biodiveristy, TEEB, 2009
Invasive Alien Species, Convention on Biological Diversity, 2009
Keeping the Amazon Forest, WWF, 2009
Biodiversity and Business Risk, Pricewaterhouse Coopers, 2010
State of Biodiversity Markets, B. Madsen, N. Carroll & K. M. Brands, Ecosystem Marketplace, 2010
Global Biodiveristy Outlook 3, Convention on Biological Diversity, 2010
生物多様性総合評価報告書，環境省生物多様性総合評価検討委員会監修，2010

井田徹治

1959年12月，東京生まれ．1983年，東京大学文学部卒，共同通信社に入社．つくば通信部などを経て1991年，本社科学部記者．2001年から2004年まで，ワシントン支局特派員(科学担当)．現在，編集委員．環境と開発の問題を長く取材，気候変動枠組み条約締約国会議，ワシントン条約締約国会議，環境・開発サミット，国際捕鯨委員会総会など多くの国際会議も取材している．
著書に『大気からの警告──迫りくる温暖化の脅威』(創芸出版)，『データで検証！ 地球の資源ウソ・ホント』(講談社ブルーバックス)，『サバがトロより高くなる日──危機に立つ世界の漁業資源』(講談社現代新書)，『カーボンリスク──CO_2・地球温暖化で世界のビジネス・ルールが変わる』(北星堂書店，共著)，『ウナギ 地球環境を語る魚』(岩波新書)，『見えない巨大水脈 地下水の科学』(講談社ブルーバックス，共著)，『環境異変 地球の悲鳴が聞こえる』(共同通信社，共編)など．

生物多様性とは何か　岩波新書(新赤版)1257

2010年6月18日　第1刷発行
2023年4月24日　第8刷発行

著　者　井田徹治《いだてつじ》

発行者　坂本政謙

発行所　株式会社 岩波書店
〒101-8002 東京都千代田区一ツ橋2-5-5
案内 03-5210-4000　営業部 03-5210-4111
https://www.iwanami.co.jp/

新書編集部 03-5210-4054
https://www.iwanami.co.jp/sin/

印刷・理想社　カバー・半七印刷　製本・中永製本

ISBN 978-4-00-431257-4　Printed in Japan

岩波新書新赤版一〇〇〇点に際して

ひとつの時代が終わったと言われて久しい。だが、その先にいかなる時代を展望するのか、私たちはその輪郭すら描きえていない。二〇世紀から持ち越した課題の多くは、未だ解決の緒を見つけることのできないままであり、二一世紀が新たに招きよせた問題も少なくない。グローバル資本主義の浸透、憎悪の連鎖、暴力の応酬――世界は混沌として深い不安の只中にある。

現代社会においては変化が常態となり、速さと新しさに絶対的な価値が与えられた。消費社会の深化と情報技術の革命は、種々の境界を無くし、人々の生活やコミュニケーションの様式を根底から変容させてきた。ライフスタイルは多様化し、一面では個人の生き方をそれぞれが選びとる時代が始まっている。同時に、新たな格差が生まれ、様々な次元での亀裂や分断が深まっている。社会や歴史に対する意識が揺らぎ、普遍的な理念に対する根本的な懐疑や、現実を変えることへの無力感がひそかに根を張りつつある。そして生きることに誰もが困難を覚える時代が到来している。

しかし、日常生活のそれぞれの場で、自由と民主主義を獲得し実践することを通じて、私たち自身がそうした閉塞を乗り超え、希望の時代の幕開けを告げてゆくことは不可能ではあるまい。そのために、いま求められていること――それは、個と個の間で開かれた対話を積み重ねながら、人間らしく生きることの条件について一人ひとりが粘り強く思考することではないか。その営みの糧となるものが、教養に外ならないと私たちは考える。歴史とは何か、よく生きるとはいかなることか、世界そして人間はどこへ向かうべきなのか――こうした根源的な問いとの格闘が、文化と知の厚みを作り出し、個人と社会を支える基盤としての教養となった。まさにそのような教養への道案内こそ、岩波新書が創刊以来、追求してきたことである。

岩波新書は、日中戦争下の一九三八年一一月に赤版として創刊された。創刊の辞は、道義の精神に則らない日本の行動を憂慮し、批判的精神と良心的行動の欠如を戒めつつ、現代人の現代的教養を刊行の目的とする、と謳っている。以後、青版、黄版、新赤版と装いを改めながら、合計二五〇〇点余りを世に問うてきた。そして、いままた新赤版が一〇〇〇点を迎えたのを機に、人間の理性と良心への信頼を再確認し、それに裏打ちされた文化を培っていく決意を込めて、新しい装丁のもとに再出発したいと思う。一冊一冊から吹き出す新風が一人でも多くの読者の許に届くこと、そして希望ある時代への想像力を豊かにかき立てることを切に願う。

（二〇〇六年四月）